Erich Heimann

Einbau von Fenstern, Türen und Toren

Doppelbände in der Reihe

Fachwissen für Heimwerker

Manfred Birreck	**Reisemobilausbau**
Karl-Heinz Böse	**Heizkosten sparen** **Kalt-, Warm- und Abwasserleitungen selbst verlegt**
Werner Dittmer	**Hausbau leicht gemacht**
Dietrich Engelhard	**Solaranbauten**
Hans H. Göres	**Betonieren und Mauern** **Haussicherung**
Heinz Graesch	**Holzarbeiten dekorativ und nützlich**
Rudolf Horstmann	**Richtig renovieren** **Möbel lackieren**
Edwin Johnson	**Altes und Antikes aufarbeiten**
Wolfgang Kreinberg	**Eigenheimausbau**
Martin Lange	**Rustikaler Innenausbau** **Fachwerkhäuser renovieren**
Dietmar Lochner	**Ferien- und Wochenendhäuser im Selbstbau** **Wärme- und Schalldämmung im Innenausbau** **Dachgeschoßausbau** **Kellerausbau**
Klaus Mathoy	**Ökologisches Haus planen und bauen**
Peter H. Nengelken	**Bauen im Garten mit Holz und Beton** **Rustikale Möbel selbst gebaut** **Vom Brachland zum gepflegten Garten**
Manfred Rascher	**Kachelofenbau** **Steinöfen, Backöfen und Gartengrills** **Wintergärten**
Eberhard Richter	**Campingbusausbau**
Gerd Sandstede	**Kunstschmieden**
Albert Wartenweiler	**Arbeiten auf der Drechselbank**
Walter Wolf Windisch	**Spannende Spiele selbst gemacht**

Erich H. Heimann

Einbau von Fenstern, Türen und Toren

IVI

Verlagsgesellschaft Rudolf Müller, Köln-Braunsfeld

CIP-Kurztitelaufnahme der Deutschen Bibliothek

Heimann, Erich
Einbau von Fenstern, Türen und Toren
Erich Heimann
Köln-Braunsfeld: R. Müller 1985
(Fachwissen für Heimwerker)

ISBN 3-481-24461-4

ISBN 3-481-24461-4

Verlagsredaktion: Ingeborg Roggenbuck
Satz: A. Hellendoorn KG, Bad Bentheim
Druck: Druck- + Verlagshaus Wienand, Köln
Printed in Germany

Vorwort

Fenster, Türen, Tore und Zargen werden heute überwiegend industriell hergestellt und in einer breiten Palette unterschiedlicher Größen und Ausführungen angeboten. Dabei fällt die Orientierung nicht immer leicht. Auf den ersten Blick weniger wichtig erscheinenden Unterschieden in Funktion, Material oder Ausstattung können sich durchaus gewichtige Unterscheidungsmerkmale verbergen. Oft ist es auch recht schwierig, die im jeweiligen Fall optimale Problemlösung zu finden, wenn mann die Vielfalt des Angebotes nicht genau kennt oder sich auch vielleicht nicht bewußt ist, daß im speziellen Fall eine besondere Ausführung der gewünschten Tür der zu lösenden Aufgabe besser gerecht wird.
Dieses Buch hat sich zur Aufgabe gestellt, die Aspekte der Wahl von Toren, Türen, Zargen und Fenstern möglichst umfassend zu beleuchten, um so dem Bauherrn, das Spektrum der Möglichkeiten wie auch der Entscheidungskriterien zu demonstrieren, ihn mit den Fachbegriffen vertraut zu machen, um so eine eindeutige Verständigung mit dem Händler wie auch mit dem Handwerker zu ermöglichen, und auf wichtige Aspekte des Einbaus hinzuweisen, denn schlußendlich sind Fenster, Tür, Tor oder Zarge nur so gut, wie sie eingebaut wurden.
Gleichzeitig geht es in diesem Buch auch um gestalterische Kriterien und den nicht minder wichtigen Bereich der Sicherheit. Dies gilt sowohl für Maßnahmen zur Sicherung des Hauses gegen Einbrecher als auch für den vorbeugenden Brandschutz oder die sichere Betätigung von Garagentoren mit Funkfernsteuerung und elektrischem Antrieb, die immer beliebter werden.
Auch das Thema des Wärmeschutzes wird sowohl bei Fenstern als auch bei Türen und Toren ausführlich behandelt. Dabei wird auch die fachgerechte Montage nicht ausgespart, da Montagefehler umfangreiche Wärmeschutzmaßnahmen am Bauelement selbst zunichtemachen können.
Zur Demonstration praktischer Lösungen wie auch der Vielfalt der Produktvarianten wurden in diesem Buch bundesweit erhältliche Bauelemente namhafter Hersteller wie Hörmann und Braas ausgewählt. Ich hoffe, mit dieser Übersicht Bauherren wie Renovierern einen Überblick über die wichtigsten Problemlösungen und Variationsmöglichkeiten zu geben und ihnen so die Wahl der richtigen Bauelemente zu erleichtern, die sowohl den funktionellen als auch den gestalterischen Aspekten gerecht werden. Zugleich soll mit Tips und Kniffen für den fachgerechten Einbau sichergestellt werden, daß die gewählten Bauelemente dem Käufer auch den vollen Produktnutzen bieten, den moderne Bautenabschlüsse sowohl durch ihre fortschrittliche Konstruktion als auch durch hochwertige Materialien und eine perfektionierte Verarbeitung beinhalten.

Düsseldorf, im August 1985

Erich H. Heimann

Inhalt

Fenster, Türen, Tore richtig wählen

Wenn es um die Auswahl von Baumaterialien geht, sind vielfältige Gesichtspunkte zu beachten. Dies gilt auch für den Bereich der Rohbau-Abschlüsse – also Fenster, Türen, zugehörige Zargen und Tore –, die nicht nur funktionellen Anforderungen gerecht werden, sondern auch architektonisch in das Gesamtbild des Bauwerkes passen müssen.
Wer hierzulande baut oder ein Haus modernisiert, geht in der Regel davon aus, daß das heute Geschaffene nicht nur der Generation des Erbauers, sondern auch der Folgegeneration dienen soll. Diese Einstellung mag auf den ersten Blick einer überkommenen Tradition entsprechen und in einer Zeit wurzeln, als man noch »für die Ewigkeit« baute. Bei genauerer Betrachtung hält sie aber auch heutiger, völlig nüchterner Betrachtungsweise stand, denn wertbeständiges Bauen macht sich durch lange Lebensdauer und Funktionstüchtigkeit ebenso bezahlt wie durch die Einsparung an Pflege- und Erhaltungsaufwand. Dies gilt um so mehr, als abzusehen ist, daß Dienstleistungen in Zukunft mit Sicherheit eher teurer als billiger werden. So kann ein Produkt mit einem auf den ersten Blick niedrigeren Anschaffungspreis schon in den ersten zehn Jahren teurer werden als ein im Anschaffungspreis zunächst teureres Produkt. Dies trifft in besonderem Maße bei Fenstern, Türen und Toren, bei denen es auf Funktionstüchtigkeit, das heißt in der Praxis Dichtigkeit und perfektes Öffnen und Schließen, auf Dauer ankommt.
Ein wichtiger Aspekt ist auch die technische Ausstattung mit Schlössern, Bändern und Beschlägen, die aus langlebigen Materialien gefertigt, ausreichend dimensioniert und solide eingearbeitet sein sollten. Hierbei lohnt sich durchaus ein Blick auf Details, selbst wenn man kein versierter Fachmann ist. Saubere Verarbeitung, gute Passungen und solide Ausführung kann auch ein Nichtfachmann mit einiger Sicherheit beurteilen.
Ein weiterer Punkt für die Beurteilung von Bautenabschlüssen ist der durch die Materialwahl bedingte Pflege- und Erhaltungsaufwand. Muß ein Teil in regelmäßigen Abständen gestrichen werden, um auf Dauer funktionstüchtig zu bleiben und den gewünschten optischen Eindruck zu bieten, oder kann auf solchen, möglicherweise kostspielig werdenden Erhaltungsaufwand verzichtet werden?
Zu den beachtenswerten technischen Aspekten zählt nicht zuletzt auch die Erfüllung der Vorschriften, der geltenden, seit Januar 1984 verschärften Wärmeschutzverordnung. Energie, die dank guten Wärmeschutzes nicht verbraucht wird, schont nicht nur die Kasse des Hausbesitzers oder Mieters, sondern auch unsere Umwelt.
Bei der Bewertung sämtlicher technischer Gesichtspunkte ist neben der fachlichen Beratung der Name eines bekannten, seit langen Jahren am Markt vertretenen Herstellers eine wichtige Orientierungsmöglichkeit für den Käufer. Hinzu kommt der Güteschutz, dem sich die Hersteller von Qualitätsprodukten unterwerfen und der durch das RAL-Gütezeichen für Aluminium- oder Kunststoffenster, auch bei Feuerschutztüren, dokumentiert wird. Produkte mit RAL-Güteschutzzeichen unterliegen nicht nur einer Grundprüfung hinsichtlich Materialeinsatz und Verarbeitung, sondern auch stichprobenartigen Qualitätskontrollen der Fertigung durch ein unabhängiges Institut. Die Abkürzung RAL bezeichnet in diesem Zusammenhang ein 1927 gegründetes Gremium

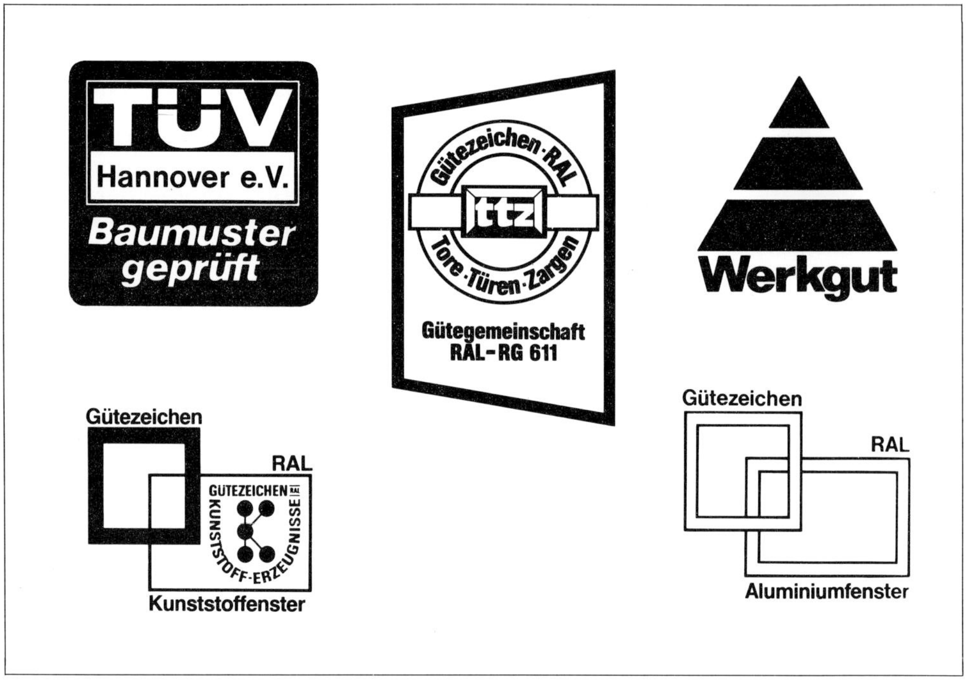

1 Diese Zeichen bedeuten Qualität und Sicherheit. A RAL-Güteschutz Kunststoffenster, B RAL-Güteschutz Aluminiumfenster, C RAL-Gütezeichen Tore-Türen-Zargen, D TÜV Baumuster-Prüfsiegel, 5 In Bayern verbreitet: das Werkgutzeichen, das auch beinhaltet, daß das ausgezeichnete Produkt sich harmonisch in das Landschaftsbild einfügt.

(Reichsausschuß für Lieferbedingungen und Gütesicherung), das sich um die Güte von Produkten durch Verleihung von Gütezeichen nach bestimmten Kriterien und durch Vereinheitlichung von Warenbezeichnungen (zum Beispiel Festlegung von Farbtönen durch RAL-Farbregister) bemüht.

Andere zuverlässige Orientierungshilfen bieten Normen, wie zum Beispiel die DIN 18 103 bei Sicherheitstüren, deren Einhaltung ebenfalls durch unabhängige Prüfinstitute, beispielsweise die Gütegemeinschaft Schlösser und Beschläge e.V. in Velbert, per Prüfbericht und Prüfnummer attestiert wird. Bei Feuerschutz- und Rauchschutztüren gibt es ebenfalls DIN-Vorschriften, die Prüfbedingungen und Prüfwerte festlegen, womit ein zuverlässiger Produktvergleich gewährleistet und die Funktion sichergestellt ist. Ähnliches gilt für Schallschutz und Wärmedurchgangswerte. Bei Qualitätsprodukten wird üblicherweise auf Güteschutz und Produkteigenschaften nach den einschlägigen Normen mit Verweis auf Prüfinstitut und Prüfnummer hingewiesen. Damit besitzt der Interessent die Möglichkeit, sich einen durchaus zuverlässigen Überblick über Produktqualität und Preiswürdigkeit zu verschaffen.

Ein nicht minder wichtiger Punkt bei der

Produktwahl ist das harmonische Erscheinungsbild des Hauses, das einerseits eine Abstimmung von Türen, Fenstern und Toren auf den Baustil und zum anderen eine weitgehende architektonische Abstimmung dieser Baukomponenten aufeinander in Form, Farbe und Stil erfordert. Dies fällt besonders leicht, wenn man für die Ausstattung seines Hauses einen Anbieter findet, der neben einem reichen Produktangebot über eine vielfältige Auswahl aller nötigen Bautenabschlüsse – innen wie außen – verfügt, die die farbliche und stilistische Abstimmung praktisch selbstverständlich beinhaltet.

Eine wichtige Frage ist neben der Produktqualität auch der fachgerechte Einbau, der in entscheidendem Maße für die perfekte Funktion ausschlaggebend ist. Der starke Trend zum Selbermachen macht auch vor Türen, Fenstern und Garagentoren nicht halt und wird durch moderne Montagemethoden wie die aktuelle Dübeltechnik gefördert.

Wer präzises Arbeiten gewohnt ist und den Umgang mit Wasserwaage, Schlagbohrmaschine und anderem heimwerkerüblichem Handwerkszeug beherrscht, sollte auch den Einbau von Türen, Toren und Fenstern in eigener Regie meistern. Worauf dabei besonders zu achten ist, vermitteln die folgenden Kapitel. Gleichzeitig wird eine Produktübersicht gegeben und auf die wichtigsten Kriterien hingewiesen.

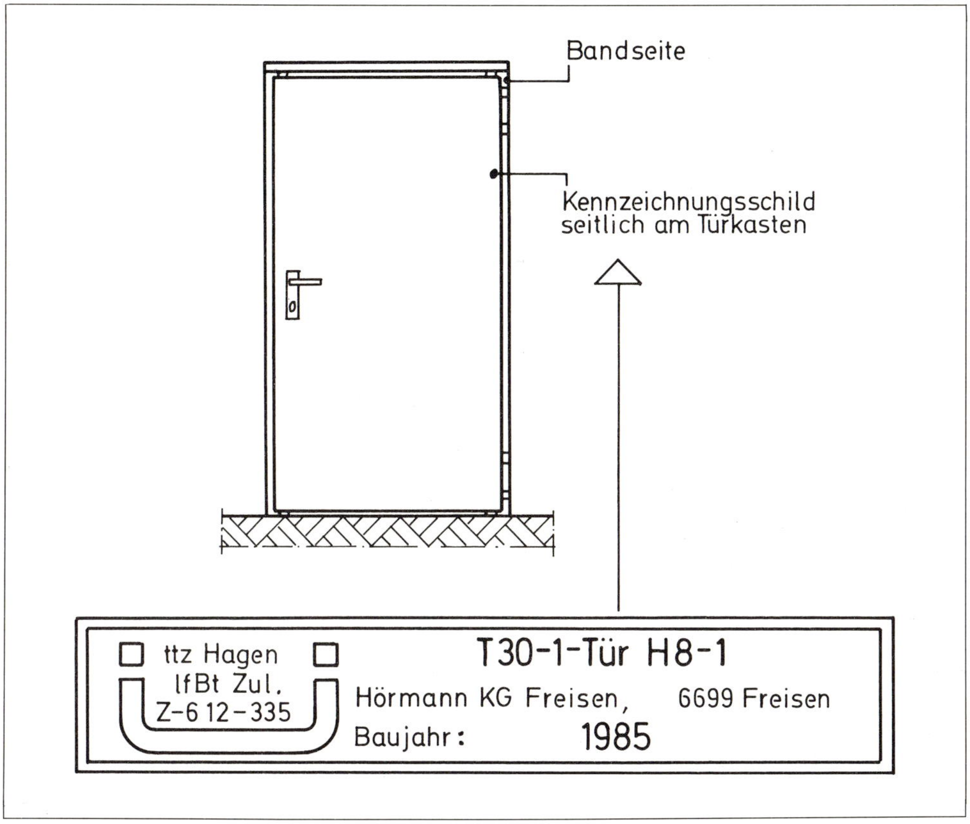

2 *Kennzeichnungsschild für Feuerschutztüren.*

Außentüren

Der Eingang – nicht nur Visitenkarte des Hauses

Dem Eingangsbereich von Wohnhäusern und dem von öffentlichen Gebäuden wurde schon zu Zeiten, als man noch nicht an fest verschließbare Türen dachte, von Architekten, Baumeistern wie Bauherren besondere Aufmerksamkeit gewidmet. Größe, Form und Schmuck des Eingangs sind seit jeher Visitenkarte des Hauses und seines Besitzers beziehungsweise seiner Bewohner.
Auch heute hat der Eingangsbereich des Hauses sicherlich eine gewisse repräsentative Funktion, zu der aber eine Reihe anderer wichtiger Kriterien hinzugekommen sind. Heute ist die Eingangstür eines Hauses Trennung zwischen Privatsphäre und Öffentlichkeit, zwischen Wohnklima und Wetter und hat zugleich eine Schutzfunktion für Bewohner und Inventar, seit die Zeiten der offenen Türen auch auf dem Lande wohl ein für allemal vorbei sind.

Die Haustür

Wer ein neues Haus errichtet, sollte, sobald mit dem Innenausbau begonnen wird, für einen festen Abschluß des Einganges sorgen. Da im Haus noch gearbeitet wird, ist es nicht unbedingt ratsam, gleich die endgültige Haustür einzubauen. Fürs erste tut es eine einfache Stahl-Mehrzwecktür mit Profilzylinderschloß, die unempfindlich genug ist, um beim ständigen Raus und Rein mit Materialien und Werkzeug keinen Schaden zu nehmen, und gleichzeitig Langfingern den Zugriff zum Inventar zu verwehren.

Wenn der Bau weitgehend fertiggestellt ist, wird die provisorische Eingangstür gegen die endgültige Haustür ausgetauscht und kann im Haus als Abschluß für Nebenräume im Keller genutzt werden. Eine weitere Einsatzmöglichkeit ist der Abschluß zwischen Speicher und Wohnbereich. Hier empfiehlt sich nämlich aus Sicherheitsgründen eine solide Zwischentür, weil häufig Einbrecher versuchen, in ansonsten gut gesicherte Häuser durch das Dach einzudringen. Eine solide Tür kann ihnen den Weg zur erhofften Beute verwehren oder zumindest erschweren. Damit ist die provisorische Eingangstür im Neubau keine überflüssige, sondern eine durchaus vernünftige Investition.
Wenn nicht bereits in der Planungsphase zumindest grundsätzlich entschieden wurde, welche Haustür später eingebaut werden soll, so wird diese Entscheidung spätestens dann erforderlich, wenn der Innenausbau Fortschritte macht und an einen Ersatz des Provisoriums gedacht werden muß.
Für welche Haustür man sich entscheidet, ist sicherlich einmal eine Frage des Baustils und des persönlichen Geschmacks. Zum zweiten sollte man nicht außer acht lassen, daß die Haustür auch mit den übrigen Bautenabschlüssen harmonieren sollte, um ein rundum einheitliches Gesamtbild des Hauses sicherzustellen.
Neben Stil- und Geschmacksfragen gibt es auch eine Reihe beachtenswerter technischer Aspekte, die unter anderem die Materialauswahl und die Bedingungen, die die Haustür erfüllen muß, betreffen: zum Beispiel Wärmedämmung, Einbruchssicherheit oder Lichtdurchlässigkeit, wenn Diele, Halle oder Treppenhaus fensterlos sein sollten.

3 Die Haustür ist die Vistenkarte des Hauses. Hier eine Aluminium-Haustür mit schwerem Aluguß-Gitter, das Schmuck und Schutz zugleich bietet.

4 Die großzügig verglaste Sprossentür erfreut sich zunehmender Beliebtheit. Hier eine bronzebraune Aluminium-Sprossentür mit Isolierverglasung, die wahlweise als Typ ESW oder ESW 2.1 erhältlich ist. Die Butzenscheiben verleihen der Tür ihre besondere Note.

Eine wichtige Frage ist auch die Materialwahl, denn sie entscheidet über Dauerhaftigkeit, Sicherheit, Erhaltungs- und Pflegeaufwand und ähnliche Kriterien.

Die klassische Holztür hat sicherlich noch ihre Berechtigung. Sie hat aber in modernen Türkonstruktionen, insbesondere hinsichtlich Einbruchssicherheit, Dichtigkeit und nicht zuletzt des verringerten Erhaltungs- und Pflegeaufwandes wegen starke Konkurrenz bekommen. In einer Zeit, in der Bauherren immer mehr durch den Einsatz eigener Arbeit Kosten einzusparen versuchen, spricht auch der leichtere Einbau zugunsten der Metalltüren. Die Vielzahl der unterschiedlichen Erscheinungsbilder und Ausstattungsvarianten schließt sogar den klassischen Holzlook ein und reicht von großzügig verglasten Türen über Modelle mit vollflächigen Füllungen aus Kunststoffen (zum Beispiel glasfaserverstärktem Polyester) bis zu wehrhaftem Alu- oder Kupferguß.
Während für die optisch anspruchsvolle Haustür als Konstruktionswerkstoff korrosionsbeständige Aluminiumprofile zum Einsatz kommen, werden Nebentüren auch aus verzinktem Stahl angeboten. Hier steht dann die Abschlußfunktion im Vordergrund. Solche Türen gibt es als sogenannte Stahl-Mehrzwecktüren feuerverzinkt und grundiert für den bauseitigen Anstrich wie auch als Stahl-Sicherheitstüren in gleicher Oberflächenausführung (siehe Seite 32 und 40). Welche Ausführung man wählt, entscheidet das Sicherheitsbedürfnis.

Die Haustür nach Maß

Einsatzbedingungen bestimmen die Türwahl

Wenn von der Haustür die Rede ist, ist in erster Linie die dekorative Eingangstür gemeint. Der Fachmann spricht hier sogar meist von einer Türanlage und bezieht dabei Nebenfunktionen wie Türsprechanlage, Briefeinwurf, Windfang und Vordach mit ein.
Zunächst gilt es jedoch, sich einmal mit der Haustür selbst zu beschäftigen, denn

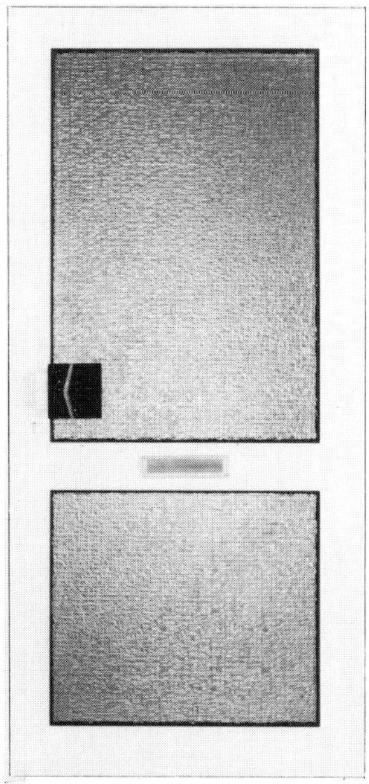

A

B

5 Aluminium-Haustüren gibt es passend für jeden Geschmack und Baustil:
***A** Sachlich und klar: weiß einbrennlackiert.*
***B** Filigrane Eleganz: bronzebraun mit Gitter zwischen den Isolierglasscheiben.*
***C** Landhaus-Look: Aluguß-Füllung mit ISO-Verglasung im attraktiven Farbklang grün und dunkelbraun.*
***D** Rustikale Farbenfreude: handgearbeitete Aluguß-Füllung im Holz-Look und in lebhaftem Rot und Weiß.*
***E** Dekorativ und sicher: großzügige Glasfüllung und fest von innen verschraubtes, handgearbeitetes Aluguß-Gitter.*
***F** Für Liebhaber handwerklichen Stils: die handgetriebene Kupferfüllung. Sie eignet sich auch für Sicherheitstüren.*

C

D

E

F

6 Eine großzügige Türgestaltung macht den Eingang zum Portal, wie in diesem Beispiel mit einer zweiflügeligen Aluminium-Haustür bronzebraun eloxiert und mit schmuckvollem Sonnenmotiv aus Alugußs.

das Angebot namhafter Hersteller wie beispielsweise Hörmann, Steinhagen, bietet hier eine weit gefächerte Palette von Standardausführungen, die einbruchhemmend ausgelegt sind, über einbruchhemmende und zugleich wärmedämmende Haustüren bis zur neuen Wärmeschutzverordnung erhöht wärmegedämmten Ausführung und schließlich sogar bis zur Sicherheitstür, die selbstverständlich auch den Ansprüchen an den modernen Wärmeschutz gerecht wird.

Angesichts solch eines breiten Spektrums, das auch in einer entsprechenden Preisstaffelung angeboten wird, stellt sich für den Bauherrn die Frage, welche Tür für sein spezielles Bauvorhaben die funktionell wie auch preislich optimale Lösung ist. Die Optik kann dabei zunächst außer acht gelassen werden, da alle unterschiedlichen Bauweisen in jeder Ansichtsvariante erhältlich sind. Die Frage, für welche Türausführung man sich beim Kauf einer Haustür entscheidet, ist eng mit den baulichen Verhältnissen verknüpft und hängt im wesentlichen davon ab, welche Ansprüche hinsichtlich Wärme- und Schalldämmung sowie Einbruchsicherheit an die Haustür zu stellen sind.

So bedarf beispielsweise ein Zweifamilienhaus, bei dem die Haustür in ein unbeheiztes Treppenhaus mündet und die Wohnungen durch entsprechend sichere, wärmegedämmte Eingangstüren (siehe Seite 45 ff.) abgeschlossen sind, lediglich einer normal einbruchhemmend ausgestatteten Haustür, wie sie beispielsweise die Hörmann-Baureihe ES darstellt. Hierbei besteht die Rahmenkonstruktion von Türblatt und Türrahmen aus einem 2 mm dicken Aluminium-Strangpreßprofil, wobei Außen- und Innenflächen des Profils durch Aluminiumstege verbunden sind. Hierdurch ist ein Wärmeübergang von der wärmeren zur kälteren Seite, also in der Regel von innen nach außen, möglich. Bei einem unbeheizten Treppenhaus ist dies nicht weiter tragisch, so daß man in einem solchen Falle durchaus ein nicht wärmegedämmtes, jedoch vorzugsweise erhöht einbruchsicheres Haustürenmodell wie den Typ ES einsetzen kann.

Mündet der Eingang hingegen in ein temperiertes Treppenhaus oder in eine Halle, gegen die die angrenzenden, beheizten Räumlichkeiten durch Türen abgeschlossen sind, empfiehlt sich dagegen schon eher eine wärmegedämmte Haustür, wie beispielsweise die Hörmann-Baureihe ESW. Hier bestehen die Rahmenteile von Türblatt und Türrahmen aus zwei thermisch voneinander getrennten Aluminium-Hohlprofilen von ebenfalls 2 mm Wanddicke.

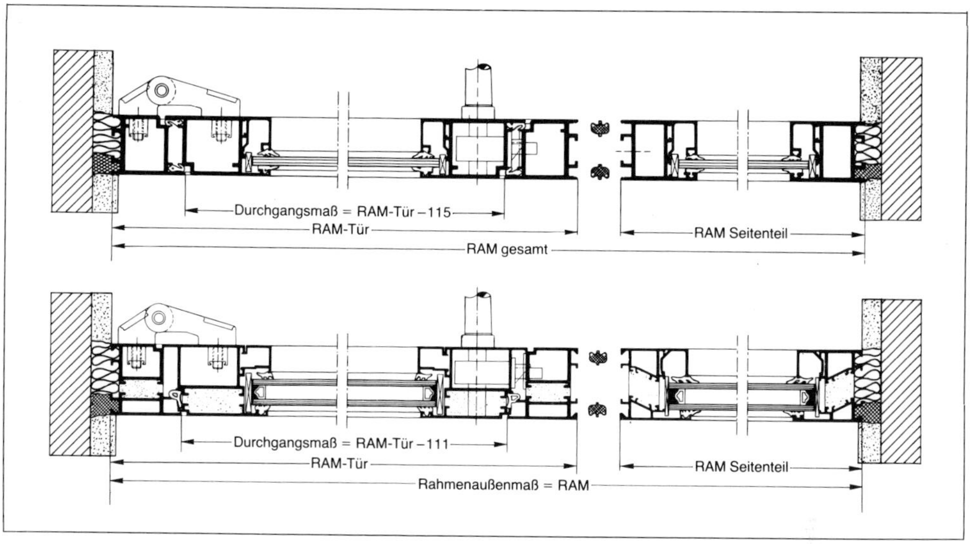

7 Schnittbild durch eine Hörmann-Haustür im eingebauten Zustand. Oben die Ausführung ES in Kombination mit einem Seitenteil, darunter die Ausführung ESW mit thermisch getrennten Profilen. RAM = Rahmen-Außenmaß.

Für die thermische Trennung und die zugleich notwendige mechanische Verbindung von äußeren und inneren Rahmenprofilen sorgt ein 10 mm dicker Hartschaumpuffer aus Polyurethan-Integral-Hartschaum, der sich durch eine sehr gute Wärmedämmung wie auch durch eine hohe mechanische Haftung an Aluminium auszeichnet. Der Hartschaumkern unterbricht den Kältefluß wirksam und sorgt so dafür, daß die teure Heizwärme im Haus bleibt. Damit die thermische Trennung die gewünschte Funktion uneingeschränkt erfüllt, ist beim Einbau einer solchen Tür darauf zu achten, daß keine Kältebrücken zwischen Außen- und Innenprofil entstehen, was durch Ausstopfen der Anschlußfuge zwischen Zargenrahmen und Mauerwerk mit Mineralwollkordeln und eine dauerelastische Versiegelung der Anschlußfugen außen wie innen sichergestellt wird. Neben der Wärmedämmung, die durch entsprechende Füllungen mit einer vollflächigen Wärmedämmeinlage oder auch Isolierverglasungen mit Drahtornamentglas oder auch Ornamentgläsern bis hin zu Sprossen- und Butzenscheiben, die ebenfalls in Zwei-Scheiben-Isolierglastechnik ausgeführt sind, zeichnen gegen Einbruch sichernde Maßnahmen diesen Haustür-Typ aus.

Für die wünschenswerte Einbruchsicherheit sorgen wie bei der nicht wärmegedämmten Ausführung ES ein entsprechend aufbohrsicheres Schloß mit gegen Durchsägen gesichertem Riegel, Edelstahl-Schließblech und bis in das Rahmenprofil durchgreifender Riegel, aufbohrsicherer Profilzylinder, der bündig abschließt sowie Bänder mit Verstärkungsplatten, die ein Ausbrechen verhindern.

Führt die Haustür direkt in eine beheizte Wohndiele, wie man es neuerdings angesichts knapper gewordener Baumittel häufiger beobachten kann, ist es notwendig, in Übereinstimmung mit der seit dem

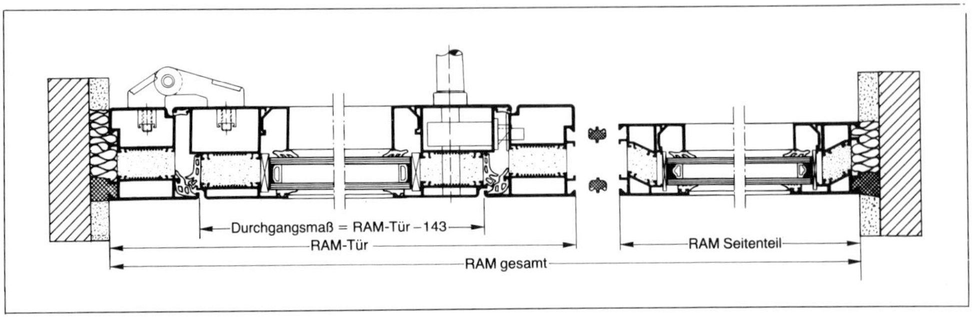

8 Schnitt durch eine Hörmann-Haustür der Ausführung ESW 2.1 in Kombination mit einem Seitenteil.

1. 1. 1984 gültigen, verschärften Wärmeschutzverordnung, die erheblich (im Schnitt um 25 Prozent) verringerte Wärmedurchgangswerte für Wände, Dächer und Fenster fordert, auch bei der Haustür für eine optimale Wärmedämmung zu sorgen.

Diese läßt sich mit einer Haustür erreichen, deren Konstruktion sich an die Ausführung von Aluminiumfenstern mit der Material-Rahmengruppe 2.1 der neuen Wärmeschutzverordnung anlehnt und durch Vergrößerung des Isolierabstandes die geforderten Wärmedurchgangswerte erreicht oder gar unterschreitet. Letzteres trifft zum Beispiel für die neue Hörmann-Haustür-Baureihe ESW 2.1 zu. Hier wurde der ebenfalls aus Polyurethan-Integral-Hartschaum bestehende Isolierkern zwischen Außen- und Innenprofil von Rahmen und Flügel so vergrößert, daß der Isolierabstand im Mittel 20 mm in den meisten Bereichen der Türkonstruktion beträgt. Hierdurch wird bei einer Gesamtwandstärke von Rahmen und Türblatt von 72 mm und einer 24 mm dicken Isolierverglasung ein Wärmedurchgangswert (sog. k-Wert) von etwa 2,9 W/m^{2}K erreicht, während die neue Wärmeschutzverordnung selbst für Fenster nur einen Wert von 3,10 W/m^{2}K verlangt.

Zusätzlich zur thermischen Trennung von Innen- und Außenprofilen bedarf es auch zuverlässiger Dichtungen, um den hohen Anforderungen an den Wärmeschutz gerecht zu werden. Besonders wirkungsvoll sind Dichtungskombinationen, die mehrfache Dichtebenen schaffen und wie ein Labyrinth wirken. Ein solcher Effekt wird beispielsweise durch die Kombination einer Mitteldichtung mit einer dreiseitigen Anschlagdichtung erreicht. Besonders günstig ist diese Kombination, wenn die Anschlagdichtung bei Bedarf auch noch durch eine Dichtung im Sockelbereich ergänzt werden kann. Neben Zahl und Anordnung der Dichtungen spielt übrigens auch das Dichtungsmaterial eine entscheidende Rolle. Es muß elastisch genug sein, um nach Tausenden von Öffnungs- und Schließzyklen noch für eine zuverlässige Abdichtung zu sorgen und zudem auch alterungs- und lichtrißbeständig sein. Beide Forderungen werden von Dichtungen aus APTK, einem hochwertigen Synthetikkautschuk, optimal erfüllt. Eine wirkungsvolle Rundum-Abdichtung macht sich nicht nur in Verbindung mit thermisch getrennten Profilrahmen in einer günstigeren Heizkostenbilanz bezahlt, sie vermeidet auch die Entstehung von Zugluft und sperrt zudem auch gleich den Lärm mit aus, womit der Wohnkomfort erheblich gesteigert und der Raum hinter der Haustür wirklich zum Wohnen nutzbar wird.

Sicherheit schon bei der Planung berücksichtigen

Die tägliche Zeitungslektüre spiegelt im Lokalteil die Zunahme der Einbruchsdelikte wider und sollte Bauherren wie Renovierer alarmieren. Experten der Kriminalpolizei stehen überall mit Rat zur Seite, wenn es darum geht, den Dunkelmännern das Leben so schwer wie möglich zu machen. Dieses Beratungsangebot sollte man nach Möglichkeit nutzen.

Ein absoluter Schutz gegen Einbrecher ist sicherlich kaum möglich, es sei denn, man ist bereit, eine fensterlose Betonfestung mit Panzertüren zu bewohnen. Es ist aber durchaus möglich, mit finanziell wie auch hinsichtlich des Aufwandes vertretbaren Mitteln ein höheres Maß an Sicherheit zu schaffen. Dabei spielt die Sicherung von Türen rund ums Haus, also auch der Eingangstür, eine Rolle, denn laut Kriminalstatistik kommen sieben von zehn Einbrechern durch die Tür ins Haus. Dabei werden solche Türen bevorzugt, die schlecht einsehbar und zudem vielleicht auch noch im Dunkeln gelegen sind, weil sie ein minimales Entdeckungsrisiko bieten. Aus diesem Grunde sollte der Eingangsbereich übersichtlich und möglichst beleuchtet sein.

Unter solchen Bedingungen vergrößert sich das Risiko für den Einbrecher erheblich, es wächst zudem, wenn die Konstruktion der Tür so ausgelegt ist, daß sie einem etwaigen Einbrecher möglichst lange hinhaltenden Widerstand leistet. Zeit und unvermeidliche Arbeitsgeräusche sind Risikofaktoren, die Profis vom geplanten »Bruch« abschrecken können.

Wie bereits beschrieben, verfügen Qualitäts-Haustüren selbst in der Standardausführung, zum Beispiel Typ ES, über eine Reihe von Sicherheitseinrichtungen, die einen Einbruch erschweren.

Um auch das Überfallrisiko so gering wie möglich zu halten, sollte man bei Türen, deren Anlage keinen anderweitigen Blick in das Vorfeld der Tür erlaubt, einen Weitwinkelspion vorsehen und zusätzlich zum

9 Durch den wahlweisen Einbau eines Drei-Riegelschlosses lassen sich Hörmann-Aluminium-Haustüren noch sicherer machen, ohne daß man gleich zu einer Sicherheitstür mit voll geschlossenem Türblatt greifen muß.

10 Wer noch mehr Sicherheit wünscht, kann zusätzlich zum serienmäßigen Stahl-Sicherungsbolzen auf der Bandseite weitere Bolzen anbringen.

selbstverständlichen Sicherheitsschloß eine Sicherungskette oder einen Sperriegel anbringen, die es erlaubt, die Tür einen Spalt breit zu öffnen, weiteres gewaltsames Öffnen aber wirkungsvoll verhindert.

Die Lage des Hauses wie auch im Haus verwahrte Werte können aber auch weitergehende Sicherheitsmaßnahmen erforderlich machen. So bietet Hörmann zum Beispiel neuerdings anstelle des üblichen Sicherheitsschlosses mit einfachem Riegel und Falle auch ein Schloß mit drei Riegeln an, das außer in der üblichen Türmitte (Schloßhöhe) im oberen und unteren Bereich zwei Riegel in den Türrahmen greifen läßt, wobei die Betätigung zentral über das mittige Profilzylinderschloß erfolgt. Damit wird es unmöglich, die Tür im oberen oder unteren Bereich nach innen zu drücken und hier einen Angriffspunkt für ein Brecheisen zu finden.

Auch auf der Bänderseite gibt es zusätzliche Sicherungsmöglichkeiten durch sogenannte Sicherungsbolzen. Diese werden in das Rahmenprofil des Türblattes geschraubt und greifen beim Schließen der Tür in eine entsprechende Bohrung im Zargenrahmen ein. So ist eine Sicherung zwischen den Bändern leicht möglich. Da die soliden Alu-Rahmen praktisch in der gesamten Höhe der Tür beliebige Verankerungspunkte bieten, kann man solche Sicherungsbolzen sowohl zusätzlich als auch in beliebiger Position einbauen, womit ein Knacken dieser zusätzlichen Sicherungsmaßnahmen für den Einbrecher zum zeitraubenden und damit allzu risikoreichen Unternehmen wird. Somit ist für den normalen Sicherheitsbedarf eine optimale Lösung zu vertretbaren Kosten möglich, wenn eine Tür mit einer erhöhten Einbruchsicherheit bietenden Grundausstattung (mit oder ohne zusätzliche Wärmedämmung) mit einer Dreifach-Verriegelung und zusätzlichen Sicherheitsbolzen ausgestattet wird. So kann man auch, ohne gleich eine vollflächige Sicherheitstür einzubauen, wirkungsvoll vorbeugen.

Für besonderen Sicherheitsbedarf: die Sicherheitstür

Wer besondere Werte in seinem Hause aufbewahrt, zum Beispiel Sammlungen, Schmuck, Pelze, wertvolle Gemälde oder Kunstgegenstände, hat ebenso wie mancher Freiberufler, der im Einfamilienhaus vor fremdem Zugriff zu bewahrende Güter (Konstruktionszeichnungen, EDV, Edelmetalle und Edelsteine) in im Hause untergebrachten Geschäftsräumen verwahrt, unter Umständen das Bedürfnis nach noch weiterreichenden Sicherheitsvorkehrungen. Diese können zum Beispiel auch von einer Versicherung gefordert werden. Da manche Täter auch vor Gewalt gegen Personen nicht zurückschrecken, um ihr Ziel zu erreichen, kann auch eine Haustür notwendig werden, die ein Höchstmaß an Sicherheit gegen Einbruch mit einem wirksamen Schutz der Personen im Gebäude kombiniert.

Dies läßt sich mit sogenannten Sicherheitstüren erreichen. Da der Begriff »Sicherheitstür« zuweilen auch für Türen benutzt wird, die den Forderungen nach der entsprechenden DIN 18103 nicht entsprechen, sollte man auf jeden Fall bei Interesse für eine solche Tür auf ein entsprechendes Prüfzeugnis eines anerkannten Prüfinstitutes achten. Neben der Prüfbericht-Nummer sollte ausdrücklich Bezug auf DIN 18103 genommen werden.

Wichtig zu wissen ist, daß von einer Sicherheitstür im strengen Rahmen der Norm nur die Rede sein kann, wenn nicht nur Blend- und Flügelrahmen, sondern auch das Türblatt die Forderungen der DIN 18103 erfüllen. Dies ist nur der Fall, wenn die Tür mit einer Füllung versehen ist, die ebenfalls die Forderungen der DIN 18103 ohne jede Einschränkung erfüllt. Dies trifft zum Beispiel für massive Aluguß- und Kupferfüllungen zu, mit denen die neunfach gesicherten Hörmann-Aluminium-Sicherheitstüren ausgestattet sind.

Die neunfache Sicherung bezieht sich auf

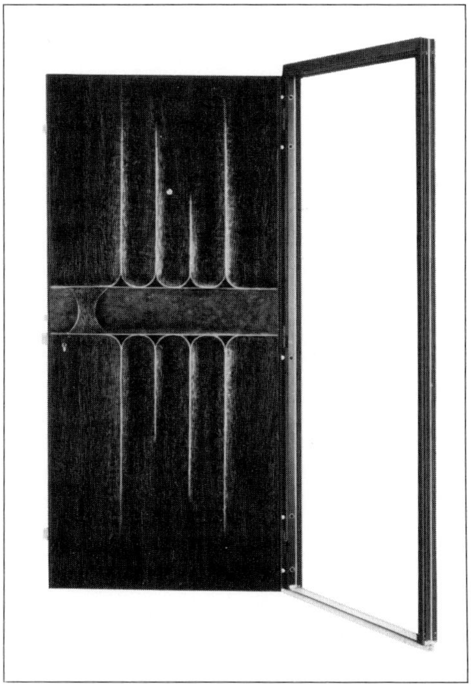

11 Neunfach gesichert ist die Hörmann-Sicherheits-Haustür, die allerdings ein voll geschlossenes Blatt voraussetzt, um der DIN 18103 zu entsprechen. Falle und drei Riegel auf der Schloßseite und fünf Sicherungsbolzen auf der Bandseite verspannen das Türblatt in dem soliden Blendrahmen.

drei Riegel und die übliche Falle auf der Schloßseite und fünf Sicherungsbolzen auf der Bandseite. Dabei sichert je ein Paar das obere und untere Band zusätzlich ab, während der fünfte Sicherungsbolzen unterhalb des mittleren Bandes in den Blendrahmen greift. Blend- und Flügelrahmen bestehen auch hier aus 2 mm dicken Alu-Strangpreßprofilen, die durch verzinkte Stahlprofile verstärkt sind. Für eine zuverlässige Verankerung des Blendrahmens im Mauerwerk sorgen sechs ausreichend dimensionierte Stahldübel beziehungsweise Maueranker zum Einmmörteln. Diese Sicherheitsmaßnahmen werden durch einen aufbohrgeschützten Sicherheits-Schließzylinder nach DIN 18252 mit Sicherheitsschein abgerundet, ohne den keine weiteren Schlüssel zu bekommen sind. Für eine sichere Aufhängung sorgen drei stabile Alu-Bänder, die, durch Verstärkungsplatten gesichert, einem gewaltsamen Angriff den nötigen Widerstand entgegensetzen. Eine wirkungsvolle, eingebaute Wärmedämmung und eine vierseitige APTK-Rundum-Abdichtung sorgen neben der Sicherheit auch für den nötigen Wohnkomfort. Nach außen präsentiert sich eine solche Sicherheitstür ganz wie eine normale Haustür, so daß sie auch nicht durch ihr äußeres Erscheinungsbild auf im Hause verwahrte Werte aufmerksam macht. So wird zugleich vermieden, daß Einbrecher von der Tür abgeschreckt nach anderen Wegen ins Haus suchen. Wenn eine Sicherheitstür eingebaut wird, sollte man selbstverständlich auch andere Schwachstellen im Haus mit entsprechenden Sicherungen versehen.
Als Zubehör für eine Sicherheitstür empfehlen sich wie bei jeder Haustür ein Weitwinkelspion, eine abschließbare Türkette beziehungsweise ein Sperriegel und als Schutz gegen versehentliches Offenstehenlassen eventuell ein Türschließer. Man kann solche Türen übrigens auch mit einem elektronischen Meldesystem ausstatten, das ein Öffnen über einen sogenannten Reed-Kontakt duch ein akustisches Signal meldet.

Die fachgerechte Haustür-Montage

Die stabile Rahmenkonstruktion moderner Aluminium-Haustüren kommt einer Eigenmontage entgegen. Im Lieferzustand bildet der Blendrahmen der Hörmann-Aluminium-Haustüren ein geschlossenes Rechteck. Seine untere Begrenzung bildet das sogenannte Bodeneinstandsprofil, das mit den seitlichen Rahmenteilen verschraubt ist. Dieses Bodeneinstandsprofil wird, wenn der endgültige Fußboden noch

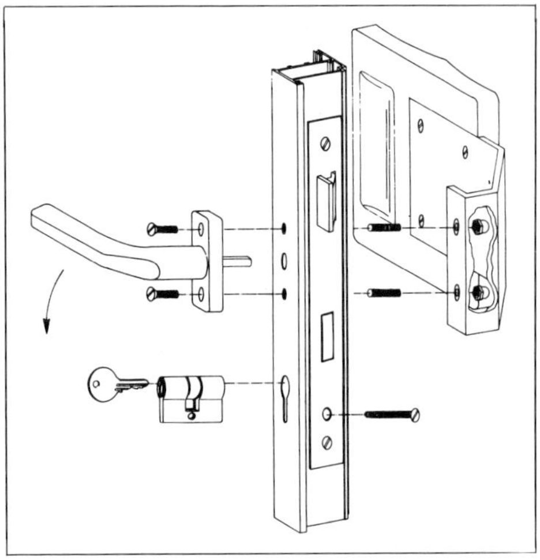

12 Montage von Drücker, Schloß und Griffplatte: Drückerstift (1) in die Nuß des Sicherheitsschlosses stecken, 45° in Öffnungsstellung bewegen und eindrücken, um die Drückerstifte mittels Federspannung in der Nuß zu sichern. Anschließend Rosette (2) mit Linsenkopfschrauben auf Innenseite der Tür befestigen. Außen Griffplatte (4) mit Gewindestiften (5) und Hutmuttern (5a) anschrauben. Zylinder (6) einschieben und mit Senkschraube (7) befestigen.

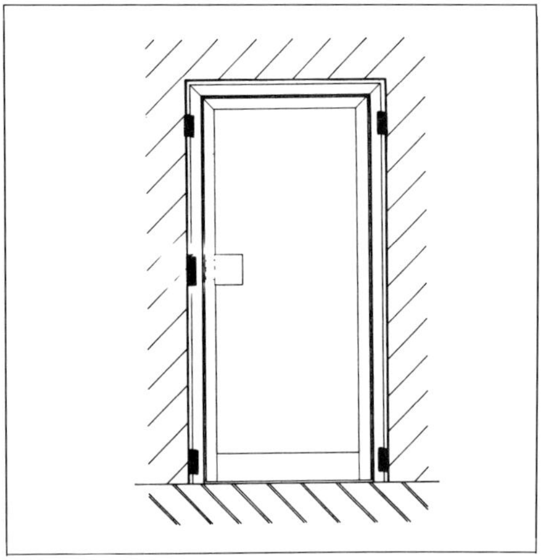

13 An diesen Stellen wird der Rahmen nach lot- und fluchtgerechter Ausrichtung verkeilt.

nicht eingebracht ist, zwischen dem Flügelrahmen belassen und verschwindet später im Estrich. Bei den wärmegedämmten Ausführungen ESW und ESW 2.1 trägt dieses Bodeneinstandsprofil ein zusätzliches, als Dichtungsanschlag dienendes Profil. Dieses sorgt für einen perfekten, dichten Abschluß der Tür am Boden und hält Lärm und Zugluft fern. Es ragt aber funktionsgemäß auch einige Millimeter über die Oberkante des Fußbodens hinaus.

Ist der Fertigboden schon eingebracht, muß das Bodeneinstandsprofil demontiert werden. Hierzu sind lediglich rechts und links die Befestigungsschrauben zu lösen. Bevor die Tür eingebaut wird, sollte man zunächst Klinke und Schloß einbauen. Hierzu wird der Drückerstift in die mit einer entsprechenden Vierkant-Aussparung versehene Nuß des Sicherheitsschlosses eingeführt. Zur Sicherung des Drückerstiftes in der Nuß wird die Klinke wie zum Öffnen der Tür niedergedrückt, so daß sie gegen die Horizontale einen Winkel von 45° bildet. Der Drückerstift ist in der Nuß mit einer Feder gesichert, die durch diese 45-Grad-Drehung gespannt wird. Die zuvor über den Drücker gesteckte Rosette kann nun mit den beiliegenden Linsensenkschrauben befestigt werden. Auf der Außenseite ist nun noch die Griffplatte mit den beiliegenden Gewindestiften, die in die dafür vorgesehenen Gewindebohrungen geschraubt werden, und den zugehörigen Hutmuttern festzuschrauben. Zum Schluß wird der Zylinder bei geöffnetem Türflügel in die Montageöffnung eingesteckt und unterhalb des Schließriegels mit einer Senkschraube festgeschraubt.

Zur Montage der Haustür wird der Türflügel nun aus dem Rahmen ausgehängt, worauf die zur Montage des Rahmens dienenden Anker in die Nuten des Rahmens eingeschoben und durch eine Drehung um 90° arretiert werden. Nun kann der Rahmen in die Maueröffnung eingestellt und lot- wie auch fluchtgerecht ausgerichtet werden. Eine lange, gerade Richtlatte nebst Wasserwaage sorgt hierbei für den notwendigen lotgerechten Einbau. Wenn der Rahmen nach Kontrolle mit der Wasserwaage exakt gerade ausgerichtet ist, und Abstandsmessungen mit der diagonal aufgelegten Richtlatte an allen vier Eckpunkten gleiche Wandabstände ergeben, kann der Rahmen in dieser Position durch Verkeilen fixiert werden. Dies erfolgt jeweils an gegenüberliegenden Stellen im oberen und unteren Bereich des Rahmens im Bereich der Bänder und zusätzlich einseitig in Höhe des Schließbleches. Beim Verkeilen darauf achten, daß sich der justierte Rahmen nicht verschiebt.

Wurde bei bereits fertigem Fußboden das Bodeneinstandsprofil entfernt, muß im Fußbodenniveau eine entsprechende Distanzleiste eingelegt werden, um zum Verkeilen den notwendigen Gegendruck zu erzeugen. Dabei ist darauf zu achten, daß die Oberflächen des Blendrahmens nicht verkratzt werden. Hiervor schützt zum Beispiel Abkleben mit Klebeband. Nach dem Fixieren mit Keilen sollte man die Rahmenposition noch einmal mit Zollstock, Richtlatte und Wasserwaage überprüfen, bevor die Wandanker mit Nägeln am Mauerwerk angeheftet werden.

Jetzt kann der Türflügel eingehängt werden, wobei darauf zu achten ist, daß man sich beim Einhängen des Flügels nicht die Finger zwischen Blatt und Rahmen einklemmt. Insbesondere bei Haustüren mit massiven und somit auch entsprechend gewichtigen Türflügeln sollte man sich zum Einhängen der Tür einen Helfer besorgen. In Kaufhäusern und Baumärkten gibt es übrigens auch eine praktische Hilfe, die wie eine Wippe funktioniert und das Türblatt anhebt, wenn man den freien Hebelarm mit dem Fuß herunterdrückt. Beim Nachgeben senkt sich das Blatt wieder.

Bei eingehängtem Blatt wird der Sitz des Rahmens noch einmal sorgfältig kontrolliert. Dabei ist zu prüfen, ob die Schattennut zwischen Blatt und Blendrahmen oben wie auch an beiden Seiten gleichmäßig breit ist, ob Flügel und Rahmen überall flächenbündig aufliegen, und ob beim Öffnen des Flügels der Abstand zum Fußboden über die gesamte Flügelbreite gleich ist. Wenn alles stimmt, kann die Haustür geschlossen werden, um nun die Anker anzudübeln.

Beim Bohren der Dübellöcher dienen die Bohrungen in den Ankern als Bohrlehre. Die Löcher für die verwendeten Kunststoffdübel sind so tief zu bohren, daß sie der Dübellänge plus Nenndurchmesser der Schraube entsprechen. Damit ist sichergestellt, daß die Schraube sich bündig eindrehen läßt und den Dübel am Ende durchdringt, wodurch eine optimale Verankerung erzielt wird. Die Montage erfolgt im Durchsteckverfahren, wobei der Dübel durch die Bohrung im Ankerblech gesteckt wird.

Wenn alle Anker angeschraubt sind und die Funktionsprüfung ergeben hat, daß die Tür einwandfrei schließt, kann der Blendrahmen eingeputzt werden.

Hierbei ist zu beachten, daß keine Mörtelspritzer an die eloxierte Oberfläche der Haustür oder des Blendrahmens geraten. Etwaige Verschmutzungen sind sofort mit viel Wasser abzuwaschen, um Oberflächenschäden zu vermeiden.

Nach der alten Medizinerregel, nach der Vorbeugen besser als Heilen ist, tut man gut daran, Türblatt und Rahmen vor dem Einputzen mit Folie und Klebeband sorgfältig abzukleben. Zum großflächigen Abkleben ist hierbei zum Beispiel Tesamask Tandem, ein breites, nur an den Rändern klebebeschichtetes Abdeckband ideal, das sich auch leicht und rückstandslos entfernen läßt.

Bei wärmegedämmten Haustüren sollte man den Mauerspalt zwischen Blendrahmen und Mauerwerksöffnung mit einem Streifen Mineralfilz oder Hartschaum ausfüttern, um eine Kältebrücke zu vermeiden. Zwischen Beiputz und Blendrahmen verbleibt eine etwa 8 bis 10 mm breite Anschlußfuge, die anschließend mit einem dauerelastischen Anschluß-Fugendichter innen wie außen abgedichtet wird. Hierzu eignet sich zum Beispiel Sista F 133 (auf Basis Acrylkautschuk).

Zur Erzielung einer sauberen Versiegelung wird die Anschlußfuge beidseitig abgeklebt und nach dem Ausspritzen mit einem Kunststoffspachtel geglättet. Nach Abziehen der Klebebänder wird noch einmal nachgeglättet. Vor dem Ausspritzen der Anschlußfugen sollte man die Fuge gründlich ausbürsten, um die Haftung beeinträchtigenden Staub und Schmutz zu entfernen. Um ihre volle Elastizität ausspielen zu können, sollte die elastische Verfugung an den Flanken, also am Putz und am Blendrahmen, möglichst gut, am Fugenboden jedoch nicht haften. Diese Bedingung ist erfüllt, wenn der Mauerspalt mit Mineralfaser- oder Hartschaumstreifen ausgefüllt wurde, an denen die Fugenmassen in der Regel schlecht haften. Um nicht zuviel Fugenmaterial zu verbrauchen, kann man den Fugenspalt vor dem Ausspritzen mit einem Moltoprenschaumstreifen ausstopfen, so daß nur noch eine Spalttiefe von etwa 1 cm zum Verfüllen übrigbleibt.

Der Einbau von Sicherheitstüren

Die Montage von Sicherheitstüren entspricht im Prinzip bis auf die Befestigung dem zuvor beschriebenen Verfahren. Für eine entsprechend sichere Verankerung im Mauerwerk werden hier jedoch sechs ausreichend dimensionierte Stahldübel verwendet. Diese setzen allerdings ein ausreichend druckfestes Baumaterial voraus, was bei der Ausführung der Türöffnungen berücksichtigt werden sollte. In Baustoffen mit relativ niederer Druckfestigkeit wie Gasbeton sorgen Spezialdübel wie Fischer-Injections-Anker für eine kraftschlüssige Verbindung. Selbstverständlich sollte sein, daß Sicherheitstüren besonders sorgfältig eingebaut werden müssen, um Ihren Zweck zu erfüllen.

Haustüranlagen – die erweiterte Türlösung

Die Haustür ist nicht nur Eingang, sondern vielfach auch Gestaltungsmittel, das das Gesicht der Fassade prägt. So begnügt man sich oft auch nicht mit einer Tür, sondern erweitert den Eingangsbereich durch Seitenteile und Oberlicht zu einer repräsentativen, großflächigen Haustüranlage.

Aluminium-Haustüren ermöglichen durch die Rahmenkonstruktion aus Aluprofilen eine nahezu beliebige Erweiterung, da sich an den Blendrahmen seitlich und auch oben verglaste wie auch mit verschiedenen Füllungen und Funktionselementen, beispielsweise Briefkästen, Schellen- und Türsprechanlagen auszustattende, ansichtsgleiche, da aus den gleichen Profilen bestehende, Felder angliedern lassen. Dabei werden Blendrah-

14 Stilvolle Eingangsgestaltung mit bronzebraun eloxierter Aluminium-Eingangstür und feststehendem Seitenteil, das Klingel und Briefkastenklappe aufnimmt. Die Ziersprossen liegen zwischen den Scheiben des bronze getönten Ornamentglases, der Isolierverglasung.

15 Ergänzt durch Seitenteil und Briefkastenanlage nebst Klingel- und Sprechanlage wird aus der Haustür eine Eingangstür fürs Mehrfamilienhaus. Dabei lassen sich die einzelnen Elemente problemlos miteinander verbinden.

menprofil und die Profile von Seitenteilen oder Oberlicht mit jeweils zwei in die seitlichen Profilnuten einzuschiebenden Verbindfungsprofilen zu einer optisch wie funktionell harmonischen Einheit, zumal auch die Seitenteile und Oberlichter im Rahmenaufbau entweder ungedämmt oder auch wärmegedämmt sind. So läßt sich die Türanlage um Seitenteile von 400 bis 1800 mm mit einer Gesamthöhe von 2000 bis 2300 mm und um Oberlichter in Höhen von 400 bis 800 mm sowie Breiten von 1000 mm, das heißt der einfachen Türbreite bis zu stattlichen 2700 mm erweitern.

Die einfache Verbindungstechnik mittels Schwalbenschwanz-Profilen, die zugleich abdichtende Funktion haben, sorgt für einen problemlosen Aufbau einer solchen Türanlage, die nicht nur dem Haus ein repräsentatives Aussehen verleiht, sondern zugleich auch bei verglasten Elementen für ausreichenden Lichteinfall sorgt.

Zum Schutz gegen Wind und Wetter: Vordach und Windfang

Wenn der Eingangsbereich des Hauses zur Wetterseite weist, können Wind und Wetter buchstäblich ins Haus fahren, wenn die Tür geöffnet wird. Mit ihnen kommen Kälte, Nässe und im Herbst oft auch

16 Eine repräsentative Türanlage mit isolierverglaster Sprossentür, zwei Seitenteilen, Vordach und Seitenblende als Windschutz. Alle Elemente sind bronzebraun eloxiert und passen so harmonisch zusammen.

Blätter hereingeweht, wenn es nicht gelingt, den Eingang gegen die Wetterseite abzuschirmen. Zuweilen wird versucht, das Problem zu lösen, indem man den Eingang gegenüber der Hausfront zurückspringen läßt. Das kostet aber teuren Wohnraum. Ein anderer wirkungsvoller Ausweg ist die Montage eines Vordaches nebst seitlicher Blende als Windfang. Für ein akzeptables Gesamtbild sorgen Vordächer und Seitenteile, die in Material, Finish und Dimensionierung dem Design wie auch der technischen Ausführung der Türanlage entsprechen. Diese rundum stimmende Gestaltung ermöglicht zum Beispiel das Vordach- und Blenden-Programm von Hörmann. Wie Haustüren, Seitenteile und Oberlichter bestehen auch die Haustür-Vordächer dieses Herstellers aus strangepreßten, feingeschliffenen Aluminium-Profilen und sind in den Standardfarben Aluminium Naturton (E1/EV1), oder Feinschliff mit dunklem Bronzeton (E1/CHS) und weiß einbrennlackiert (RAL 9016) erhältlich, womit nicht nur eine farbharmonische Abstimmung zwischen Haustür und Vordach, sondern auch zwischen diesen Elementen und den Fenstern des Hauses möglich ist, da diese in Aluminiumausführung in den gleichen Oberflächenausführungen gewählt werden können und selbst bei der Wahl von Kunststoffenstern mit Weiß und Dunkelbraun zwei Harmoniefarben zur Wahl stellen.

Ein Vordach soll Regen und Schnee vom Eingangsbereich fernhalten und verlangt einmal eine zuverlässige Entwässerung, damit sich kein Wasser ansammeln kann, das möglicherweise zu einer Durchfeuchtung der Fassade führen könnte. Es muß zum zweiten so solide konstruiert und befestigt sein, daß Windkräfte, die erhebliche Ausmaße erreichen können, ebenso sicher verkraftet werden wie Schneelasten. Schließlich kommt einem Vordach auch noch eine gestalterische Funktion zu. Unerläßlich ist schließlich der Einsatz korrosionsbeständiger Materialien.

Eine ebenso praxisgerechte wie gestalterisch ansprechende Lösung bietet Hörmann mit einer stabilen Profilrahmenkonstruktion an, die mit rund 150 mm Bauhöhe einen markanten Akzent an der Fassade setzt. Das Regenwasser wird bei dieser Konstruktion durch eine witterungsbeständige Kunststoffplatte aufgefangen und einer verdeckt liegenden Sammelrinne als Wasserspeicher zugeführt. Zwei seitliche Entwässerungen an den vorderen Ecken leiten das Regenwasser zuverlässig ab. Mit einer angehängten Kette kann man den bei starkem Regen möglicherweise ansehnlichen, vom Wind verwehten Wasserschwall bändigen. Entsprechend den unterschiedlichen Gebäudestilen gibt es diese Vordächer sowohl rechteckig als auch mit abgeschrägten oder abgerundeten Ecken. Für eine dekorative Unterseite sorgen imprägnierte Red-Cedar-Profile, die sowohl mit den beiden eloxierten Varianten im Aluminium-Naturton oder Bronzebraun als auch mit der weiß einbrennlackierten Ausführung harmonieren.
Die Montage kann sowohl freitragend als auch in Kombination mit Seitenteilen oder stützenden Eckpfosten aus Aluminium in gleicher Oberflächenausführung erfolgen.

17 Schutz vor Wind und Wetter bietet ein Vordach, das in Stil und Farbe der Türanlage angepaßt ist, wie dieses Hörmann-Vordach in Weiß mit abgeschrägten Ecken.

18 Passend zur bronzefarbenen Haustür ist dieses Vordach eloxiert. Es wirkt durch die abgerundeten Ecken besonders gefällig.

Für eine freitragende Montage ist allerdings ein entsprechend belastbarer Sturz Voraussetzung. Im Zweifelsfalle sollte man bei einer geplanten nachträglichen Vordachmontage einen Architekten oder Statiker befragen. Oft wird man allerdings ohnehin zur Abschirmung des Eingangsbereiches gegen Wind und Wetter eine ein- oder gar beidseitige Kombination von Vordach und Seitenblenden mit heller oder auch bronzefarbener Drahtornamentglasfüllung wählen, die mit weiß einbrennlackierten oder naturfarben eloxierten Aluprofilen wie auch mit dem braunen Bronzeton harmoniert.

Montagetips für Praktiker

Entsprechend den auftretenden Belastungen durch Windkräfte wie auch durch Schneelast bedarf ein Vordach einer sehr soliden Befestigung. Hierzu dienen spezielle Verbundanker, die die tragenden Gewindestangen mit einem hochfesten Kunstharzmörtel im Verankerungsgrund dauerhaft einbinden. Allerdings erfordert diese Montage auch einen sehr soliden Verankerungsgrund, der durch seine hohe Eigenfestigkeit in der Lage ist, die auf einen engen Bereich konzentrierte Belastung aufzunehmen. Diese Voraussetzung erfüllt nur ein Betonsturz oder eine Stahlbetondecke, wenn das Vordach freitragend montiert werden soll. In allen anderen Fällen muß die Last des Vordaches durch eine zusätzliche Abstützung mittels Seitenteil(en) oder Stützen abgefangen werden.

Da das zugehörige Befestigungsmaterial (Dübel und Gewindestangen) auf die Größe des jeweiligen Vordaches abgestimmt ist, braucht man sich bei der Montage keine Gedanken um die richtige Dübelgröße zu machen. Da die eingedübelten Gewindestangen jedoch unter Last gewisse Spannungen im Beton erzeugen, muß beim Dübeln ein bestimmter Abstand der Bohrungen zu den Rändern des Betonsturzes oder der Decke eingehalten werden, um ein Ausbrechen zu verhindern. Für eine sichere Montage sollten folgende Bohrdaten beachtet werden:

Oft wird man ein Vordach allerdings ohnehin mit ein- oder beidseitig angebrachten Seitenteilen als Wetterschutz kombinieren, womit statische Probleme von selbst entfallen.

Verbundanker Durchmesser	Bohrloch Durchmesser	Bohrtiefe	Randabstand zur Sturzkante
M 10	12 mm	90 mm	50 mm
M 12	14 mm	110 mm	80 mm
M 16	18 mm	125 mm	100 mm

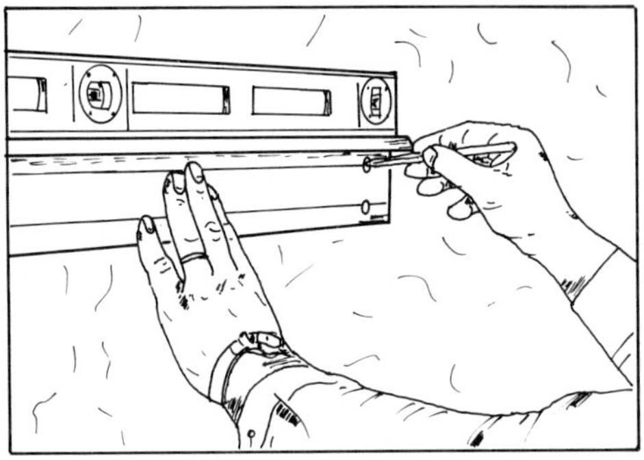
A

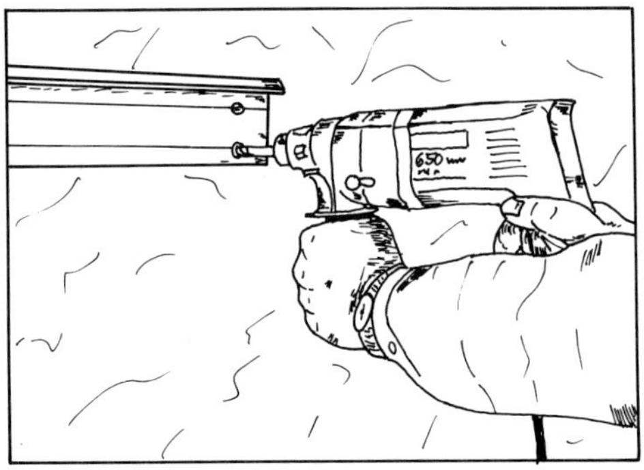
B

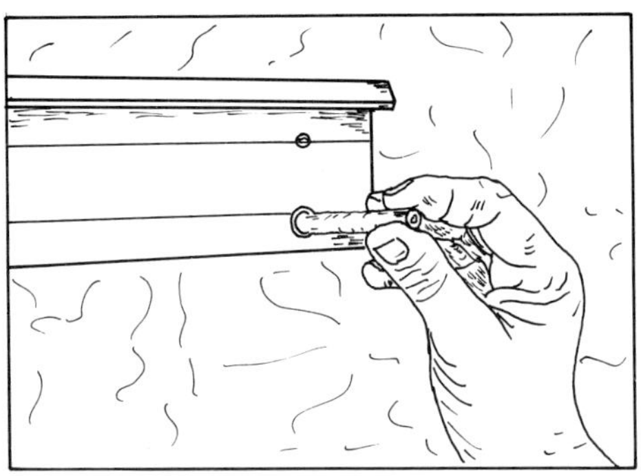
C

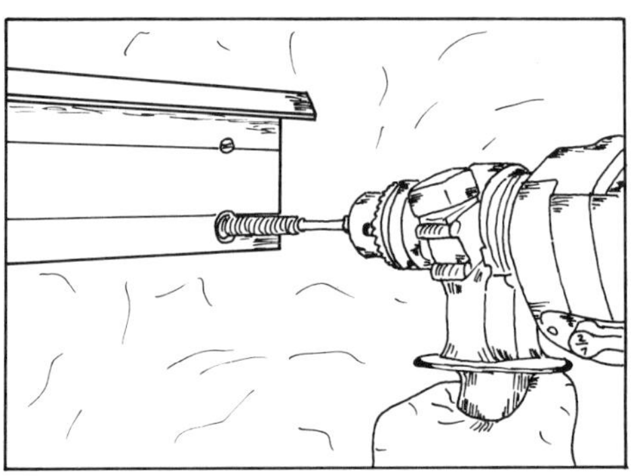
D

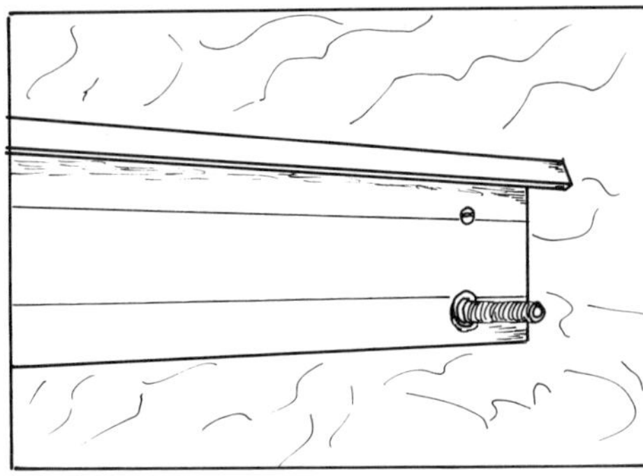
E

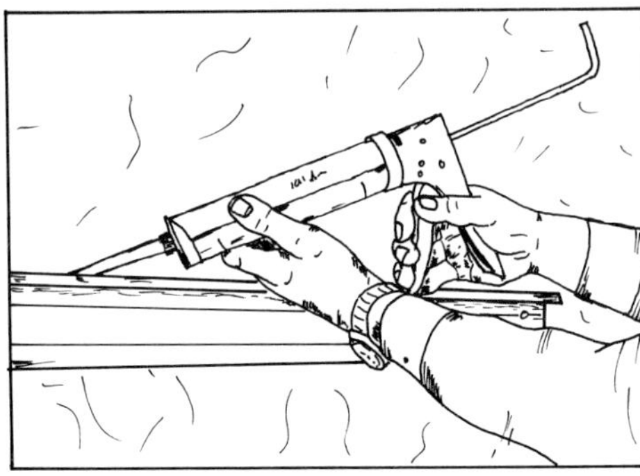
F

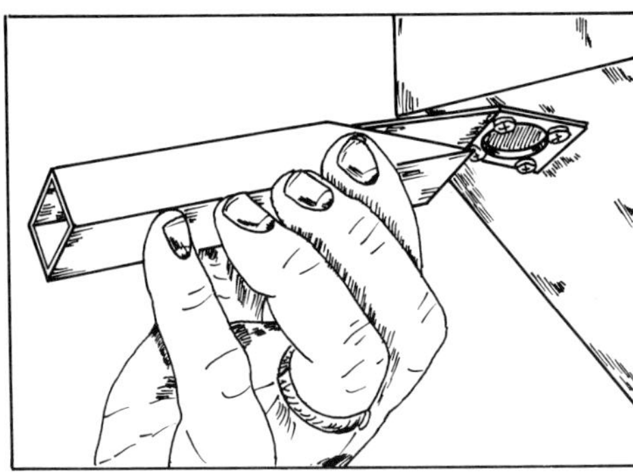
G

H

J

19 Und so wird das Haustür-Vordach montiert:
***A** Montage-/Wetterschiene in der gewünschten Höhe waagerecht anhalten, Bohrungen markieren und Bohren sowie Teil mit Schrauben 4 × 30 mm und Dübeln befestigen. Dabei Mindestabstände der unteren Bohrungen für die Vordach-Befestigung zum Rand des Betonsturzes beachten.*
***B** Montagelöcher zur Vordachbefestigung entsprechend Ankerdurchmesser und Länge bohren.*
***C** Mörtelpatrone in die Bohrungen stecken.*
***D** Gewindestangen mittels Sechskantstift mit Schlagbohrmaschine langsam bei eingeschaltetem Schlagwerk bis zur Kennrille eindrehen.*
***E** Etwa 5 bis 10 Minuten abbinden lassen.*
***F** Anschlußfuge der Montage-/Wetterschiene zur Wand hin mit Silikonkautschuk abdichten.*
***G** Wasserabläufe durch Laschen mit 4 x 10-mm-Schrauben am Vordach befestigen und aufstecken.*
***H** Vordach an Gewindestangen aufhängen und mit Sechskantmutter und Unterlegscheibe provisorisch sichern.*
***J** Nach Aufhängen und endgültiger Befestigung an beiden Seiten wird das Vordach gegebenenfalls mit Distanzklötzchen 40 × 2 × 80 mm zwischen Vordach und Montage-/Wetterschiene ausgerichtet.*

Erster Montageschritt ist das Andübeln der Montage- und Wetterschiene, deren Position so zu wählen ist, daß von den im unteren Bereich liegenden großen Bohrungen, zur Aufnahme der Montageanker aus gemessen, die Randabstände laut Tabelle eingehalten werden.

Die Montage- und Wetterschiene ist mit der Wasserwaage in der entsprechenden Position exakt horizontal sowie mittig zur Türöffnung auszurichten, worauf die Dübelbohrungen zur Befestigung der Schiene angezeichnet werden. Sie werden anschließend mit der Schlagbohrmaschine, die mit einem 6-mm-Steinbohrer bestückt ist, 40 mm tief gebohrt. Nach Einstecken der 6-mm-Dübel kann die Schiene mit Holzschrauben 4 x 30 mm angeschraubt werden.

Als nächstes sind dann die Montagelöcher für die das Vordach tragenden Gewindestangen zu bohren. Der Bohrerdurchmesser richtet sich nach den mitgelieferten Verbundankern. Mit einer leistungsfähigen Schlagbohrmaschine und einem entsprechenden Steinbohrer werden dann die notwendigen Bohrungen mit der vorgeschriebenen Tiefe eingebracht. Nach Ausblasen oder Ausbürsten der Bohrlöcher werden die Mörtelpatronen in die Bohrungen gesteckt.

Die Gewindestangen werden nun mit einem ins Bohrfutter der Elektronik-Schlagbohrmaschine gespannten Sechskantstift bei eingeschaltetem Schlagwerk langsam bis zur Markierungsrille in die Ankerpatrone eingedreht. Nachdem die Anker etwa fünf bis zehn Minuten abbinden konnten, wird die Anschlußfuge der Montage- und Wetterschiene zur Wand hin mit farblich passendem Silikonkautschuk versiegelt und die Kautschukraupe mit dem mit Seifenwasser benetzten Finger geglättet. Sodann werden die Wasserabläufe mit Laschen am Vordach befestigt. Hierzu schraubt man auf beiden Seiten je eine Lasche mit vier Kreuzschlitzschrauben 4 x 10 mm an und schiebt die beiden Abflußstutzen über die Laschen.

Das Vordach kann nun einseitig über eine der Gewindestangen geschoben werden und dort mit Unterlegscheibe und Sechskantmutter zunächst provisorisch gegen Abrutschen gesichert werden. Anschließend wird das Vordach in die horizontale Montageposition gebracht und über die zweite Gewindestange geschoben. Nun können die Sechskantmuttern auf beiden Seiten zunächst mit der Hand weiter aufgeschraubt und schließlich mit einem passenden Maulschlüssel festgezogen werden. Eventuell kann es notwendig sein, das Vordach nach der Montage noch mit kleinen Distanzklötzchen im Format 40 × 2 × 80 mm im Anschlußbereich zwischen Vordach und Montage- und Wetterschiene auszurichten.

Bei größeren Vordächern können zur Montage auf jeder Seite zwei Verbundanker notwendig sein!
Wird zusätzlich zum Vordach ein Seitenteil als Windfang oder auch aus statischen Gründen montiert, sollte dieses zuerst aufgestellt und an der Wand verankert und die Position der kombinierten Montage- und Wetterschiene hiernach ausgerichtet werden. So wird ein perfekter Anschluß von Seitenteil und Vordach garantiert.

20 Außentür mit Vordach.

Nebentüren im Außenbereich

Während der Haustür schon im Hinblick auf ihre dekorative und gestalterische Funktion im allgemeinen eine besondere Beachtung gewidmet wird, kommen die Nebentüren am Haus oft recht stiefmütterlich weg. Gerade hier lohnt sich jedoch ein bißchen mehr Aufmerksamkeit, denn solche Nebentüren sind oft bevorzugter Angriffspunkt für Einbrecher, zumal solche Nebentüren oft recht versteckt liegen und

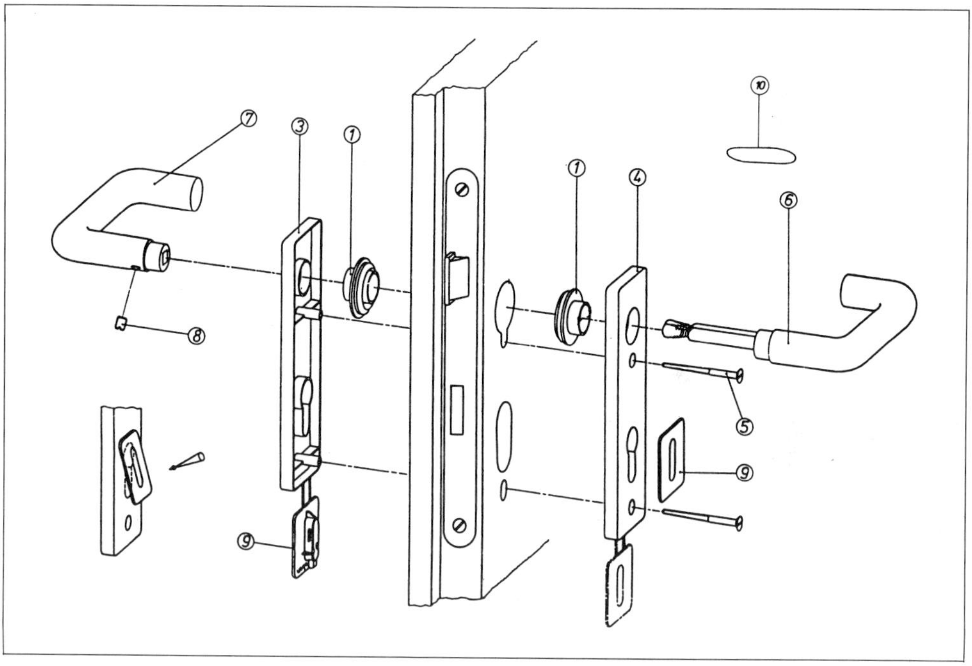

21 Praktisch: die Wechselmöglichkeit von Buntbarteinsatz und Profilzylinder bei der Hörmann-Schloßgarnitur.
Montage für Buntbart-Ausstattung: Nach Prüfen der Schloßfunktion mittels Schlüssel Exzenterringe (1) in die Drückerführung der Türschilder (3) und (4) einklipsen.
Schlüsselführung (9) am Türschild (3) abschneiden und in die Profilzylinderöffnung des Türschildes schieben, bis sie einrastet. Türschilder (3) und (4) so anbringen, daß Schild mit Schraubbuchsen außen liegt und gemeinsam mit dem inneren Türschild durch die Befestigungsschrauben (5) von innen angeschraubt werden kann.
Überprüfen, ob Drückerführung und Vierkantöffnung der Nuß übereinstimmen. Gegebenenfalls Exzenterringe (1) mit Einstellblättchen (10) verdrehen. Zum Schluß Drückerstiftteil (6) von innen in die Nuß einführen und Drückerhohlteil von der Türaußenseite aufstecken. Mit Arretierungsschraube (8) festsetzen. Anschließend Schloßfunktion prüfen.

man hier ohne großes Entdeckungsrisiko seinem lichtscheuen Gewerbe nachgehen kann. Selbst wenn es dem Einbrecher nur gelingen sollte, in den Keller einzudringen, so findet er hier oft mehr als reiche Beute, da in immer mehr Häusern Kellerräume für Hobby- und Freizeit-Aktivitäten genutzt werden. So wird der Keller selbst oft zum lohnenden Ziel von Einbrechern, die hier vom Fotolabor bis zur Hifi-Anlage, vom Sportgerät bis zur perfekt ausgerüsteten Heimwerkstatt durchaus interessante Beute finden können.

Hier wie auch bei Türen, die aus dem Haus zum Garten führen oder einen Zugang vom Garten zur Garage bieten, lohnt es sich durchaus, eine stabile Tür zu wählen, die Dunkelmännern kein leichtes Spiel verspricht, die beim Transport von Gartenutensilien und sperrigen Gütern auch einmal einen Stoß verträgt und auch der Witterungsbeanspruchung einer Außentür auf Dauer gewachsen ist.

Diesen Anforderungen wird zum Beispiel eine Stahl-Mehrzwecktür gerecht, wie sie Hörmann mit der weiterentwickelten Stahltür MZ mit in der Zarge liegender Dichtung anbietet. Das doppelwandige, 48 mm dicke, feuerverzinkte Türblatt ist durch die zusätzliche werkseitige Grun-

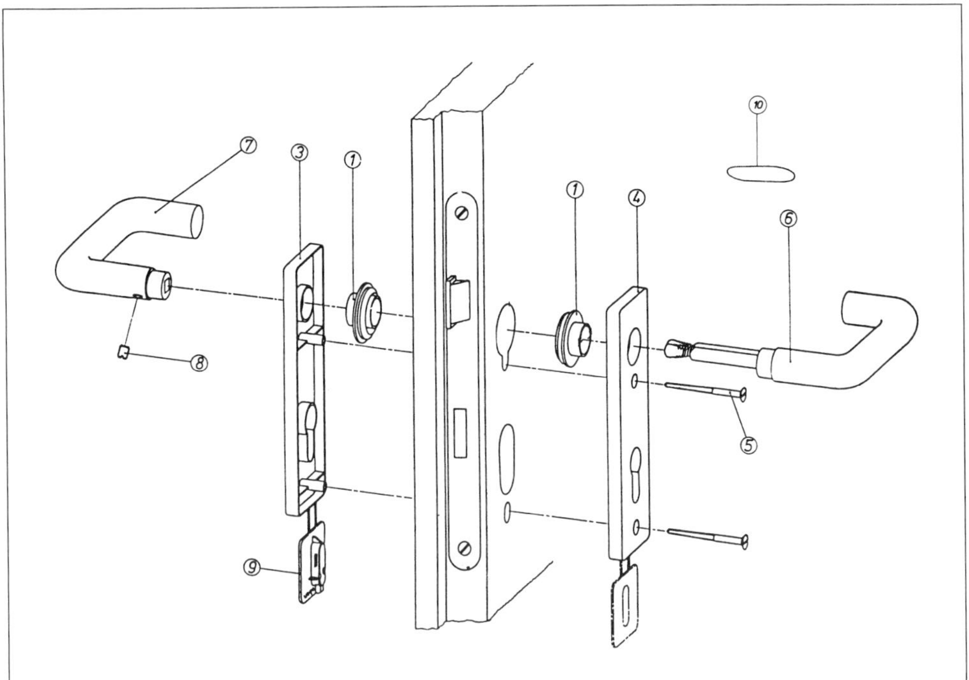

22 Bei Ausführung mit Profilzylinder zuerst Profilzylinder in Schloß einsetzen, befestigen und auf Funktion überprüfen. Exzenterringe (1) in die Drückerführung der Türschilder (3) und (4) einklipsen. Schlüsselführung (9) am Türschild abtrennen. Türschilder (3) und (4) so am Türblatt anbringen, daß Befestigungsschrauben (5) von der Raumseite eingedreht werden können. Anschließend Übereinstimmung von Drückerführung und Nußöffnung prüfen. Drückerstiftteil (6) von Rauminnenseite, Drückerhohlteil (7) von außen aufstecken und beide mit Verbindungsschraube (8) vereinigen.

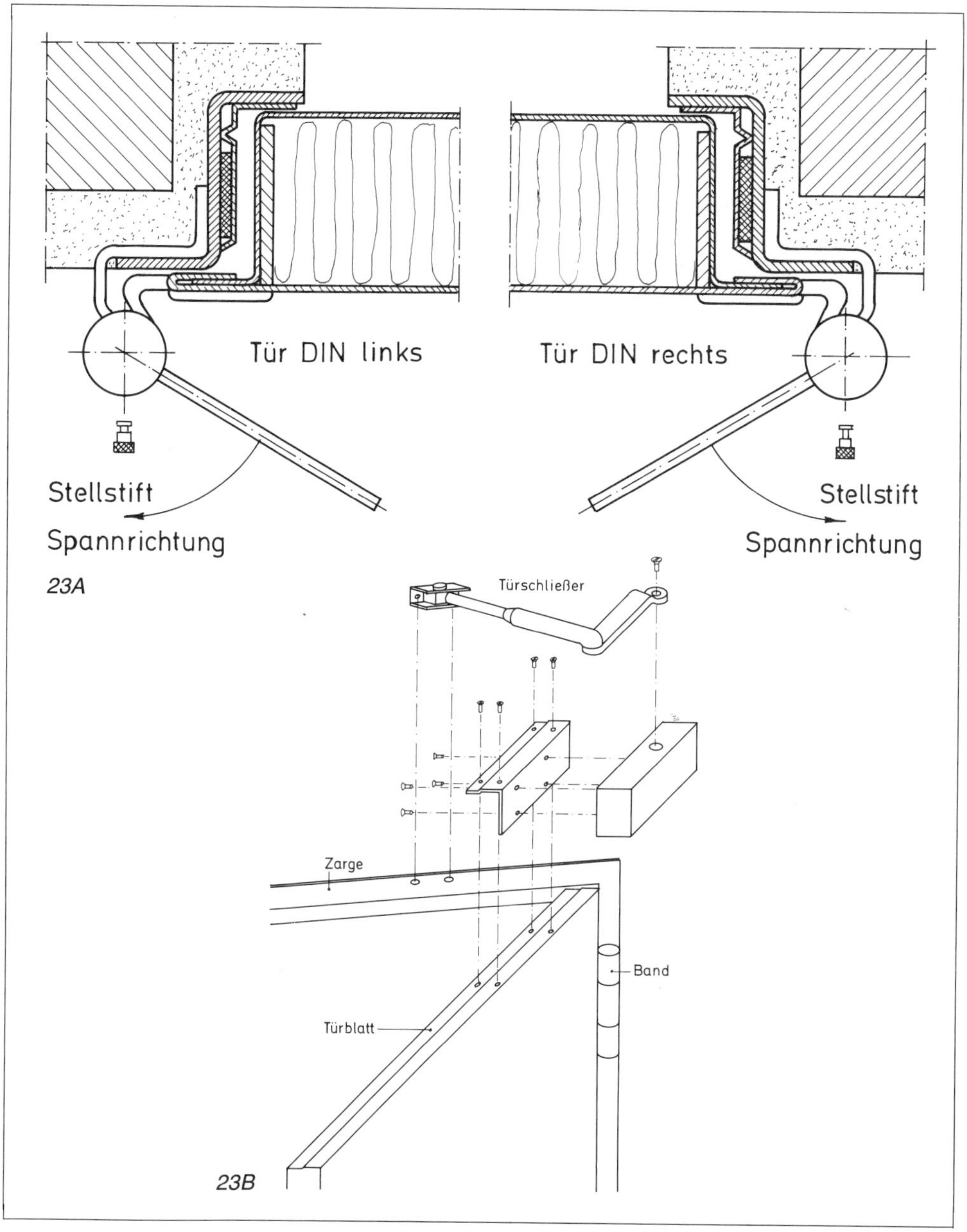

23 ***A*** *Aufbau und Anschlagarten der Hörmann Stahltür MZ mit Dichtung. Die Tür ist durch Drehen von Tür und Zarge um 180° rechts oder links verwendbar und kann wahlweise mit einzumauernden Ankern oder heimwerkerfreundlichen Dübelankern eingebaut werden.* ***B*** *Als Sonderausstattung sind zum selbsttätigen Schließen wahlweise vor Ort zu spannende Federeinsätze oder ein als Zubehör lieferbarer Obertürschließer möglich. Die obere Zeichnung zeigt die Öffnung nach DIN nebst Spannrichtung der Federbandbolzen, die untere den Anbau des Türschließers.*

24 Stabil und dauerhaft ist die Stahl-Mehrzwecktür, die hier einen Nebeneingang zum Haus abschließt und als Außentür mit einer auf die Zarge aufgesteckten Regenleiste versehen ist.

25 Leichtes Umrüsten von Buntbart- auf Profilzylinderschloß erlaubt diese patente Hörmann-Wechselausstattung für Mehrzweck- und Feuerschutztüren.

dierung bereits für die bauseitige Lackierung vorbereitet und kann direkt lackiert werden.

Eine verrottungsfreie, dicke Mineralfasereinlage sorgt für eine gute Schall- und Wärmedämmung, die durch eine vierseitig umlaufende PVC-Dichtung wirkungsvoll ergänzt wird. So schließt die Tür leise und dicht.

Ein hohes Maß an Einbruchsicherheit wird durch die besonders stabile Stahlzarge aus 2,5 mm dicken Stahlprofilen und das robuste, mit einem umlaufenden Flachstahlrahmen versehene verwindungssteife Türblatt sichergestellt, die die Tür rechts wie links verwendbar macht. Zum Schutz gegen Langfinger besitzt das Türblatt einen Sicherungsbolzen, der beim Schließen der Tür in die Zarge greift und ein Aushebeln auf der Bänderseite der Tür ausschließt. Ein übriges tun stabile Vier-Rollenbänder und ein Wechselschloß für Profilzylinder.

Wird ein Lichteinfall oder Sichtkontakt zwischen drinnen und draußen gewünscht, kann eine solche Mehrzweck-Stahltür auch mit einem Lichtausschnitt mit Isolierverglasung aus 20-mm-ISO-Drahtornamentglas oder auch einfacher Drahtornamentverglasung versehen werden. Dieser Lichtausschnitt ist mit 225 mm Breite so bemessen, daß selbst ein sehr schmächtiger Einbrecher keine Chance zum Durchsteigen findet, wenn er sich überhaupt auf ein geräuschvolles Knacken der Drahtverglasung einlassen sollte, die er nie restlos beziehungsweise nur sehr zeitaufwendig entfernen kann.

Montagetips für Praktiker

Wie bei jedem Türeinbau ist auch beim Einbau einer Stahl-Mehrzwecktür zu beachten, ob ein unterer Anschlag erwünscht ist oder ein durchgehender Fuß-

boden vorgezogen wird. Je nach der Lage der Außentür empfiehlt sich häufig eine Montage mit Anschlag, denn durch Windeinflüsse kann sich zum Beispiel Regenwasser vor einer Tür stauen und dann unter der Tür hindurch ins Haus dringen.
Auch bei außenliegenden Kellertreppen kommt es vor, daß Laub oder ähnliches zu einem verzögerten Wasserabfluß führt und Wasser bei fehlendem Anschlag unter der Tür durchsickern kann. Außerdem bietet ein Anschlag auch Schutz gegen Staub und Schmutz und verwehrt auch allerlei Käfern und Kleingetier den Weg ins Haus.
Der auch gegen Zugluft wirksame Schwellenwinkel muß, wenn man einen durchgehenden Fußboden wünscht, vom in den Estrich einzulassenden Bodenwinkel entfernt werden. Dies geschieht, indem man den Anschlagwinkel mit einer Zange um seine Längsachse nach hinten verdreht, bis die vier Heftschweißungen, die Anschlagwinkel und Bodeneinstandsprofil verbinden, abbrechen.

Rechts-/Links-Verwendbarkeit

Eine praktische Eigenschaft bei Türen und Zargen ist die Möglichkeit, ein und dasselbe Element sowohl für eine nach rechts als auch für eine nach links öffnende Tür zu verwenden. Normalerweise beschränkt sich die Rechts-/Links-Verwendbarkeit nur auf die Zarge, während das Türblatt jeweils in der gewünschten Öffnungsrichtung gewählt werden muß.
Die universelle Verwendbarkeit von Zargen wird auf einfache Art und Weise erreicht. In der Zarge sind die Aufnahmeöffnungen für die Bänder wie auch die Öffnungen für Riegel und Falle auf beiden Seiten vorgeprägt und lassen sich mit einem leichten Schlag der Finne, das heißt des spitzen Endes des Hammers, nach Bedarf jeweils rechts oder links herausschlagen. Die jeweilige Position zeichnet sich auf der grundierten Zarge als feine Umrißlinie ab, die dort, wo die Öffnungen verschlossen bleiben, nach Lackieren der Zarge nicht sichtbar sind.
Türblätter sind im allgemeinen nicht rechts/links verwendbar, weil sie an drei Seiten einen Falz haben, der auf der Zarge aufliegt, und an der Unterseite stumpf, das heißt gerade, begrenzt sind. So ist es nicht möglich, das Türblatt zum Wechsel der Öffnungsrichtung einfach um 180° zu drehen oder, einfacher gesagt, auf den Kopf zu stellen. Dies ist jedoch bei einer oben und unten stumpfen Mehrzweck-Stahltür, zum Beispiel Hörmann MZ, möglich. Hier muß lediglich das Türschloß je nach gewählter Anschlagart in der entsprechenden Position genutzt werden. Trotz eines fehlenden Falzes am Türblatt schließt die zweiseitig stumpfe rechts/links verwendbare Stahl-Mehrzwecktür dicht ab, indem sich das Blatt an eine in die Zarge eingelassene Dichtung anlegt.
Wenn die gewünschte Öffnungsrichtung festliegt, wird die gesamte Einheit aus Tür und Zarge so gedreht, das die Bänder auf der gewünschten Seite liegen. Dies ist möglich, weil das Türblatt oben und unten stumpf ist und Bänder wie Schloß eine rechts- und linksseitige Montage erlauben. Nach Montage der Kurzschilder, die aufgeschraubt werden, und Anbringen der Drückergarnitur mittels Durchstecken des Vierkantes durch die Nuß des Schlosses, Aufstecken des Handgriffes auf der Gegenseite und Fixierung mittels Madenschraube kann die eigentliche Montage erfolgen.

Verankerung der Zarge mit Maueranker oder einfacher Dübelmontage

Zum Einbau in die Maueröffnung wird die mit der Zarge verbundene Tür geöffnet und zur Erleichterung der Montage wie auch als Klemmsperre ein im Zubehörpa-

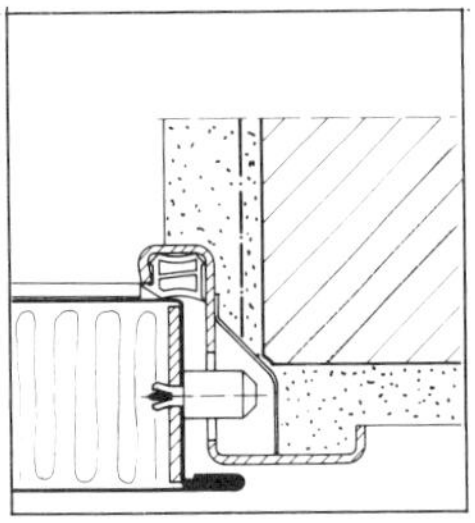

A

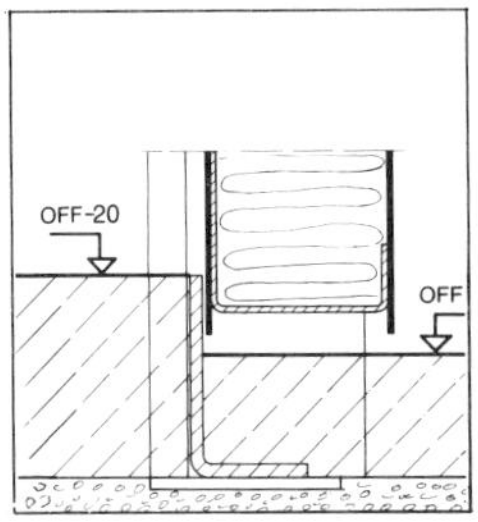

B

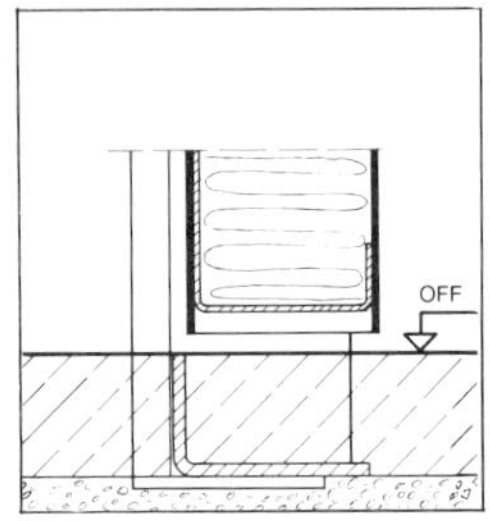

C

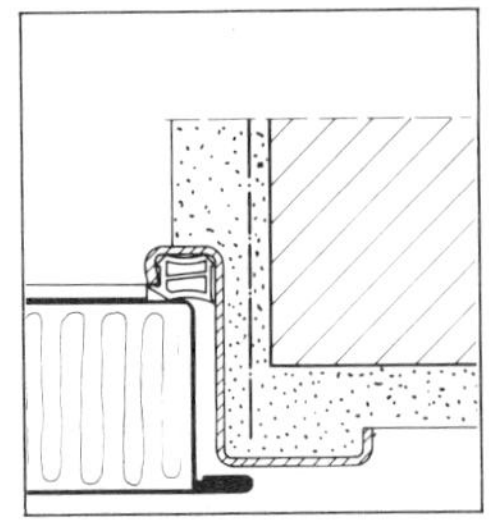

D

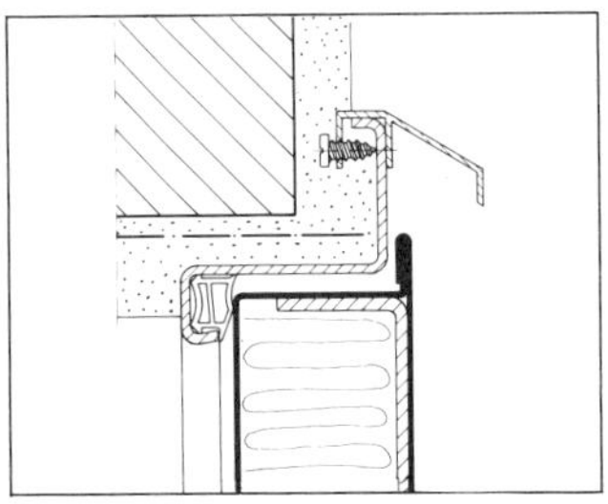

E

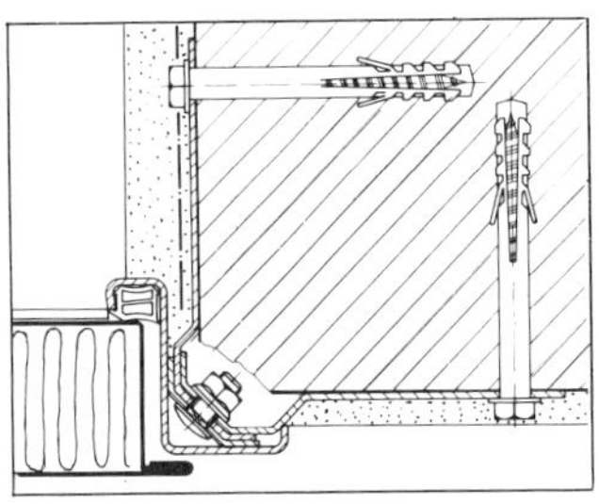

F

G

26 Vielfältige Möglichkeiten bietet die dreiseitig gefälzte Stahltür D 48:
A *Sie ist auf der Bandseite mit einem kräftigen Sicherungsbolzen gegen Aushebeln gesichert. Er greift beim Schließen in eine entsprechende Bohrung in der Zarge.*
B *Ein leicht umzuschraubender unterer Anschlag verhindert beim Einsatz als Außentür das Eindringen von Zugluft und Wasser.*
C *Bei durchgehendem Fußboden dient der untere Anschlag als Trennschiene.*
D *Eine dreiseitig umlaufende PVC-Dichtung in der Spezialzarge sorgt für leises und dichtes Schließen.*
E *So läßt sich die Zarge ohne Stemmen von Ankerlöchern mit angeschraubten Dübelankern leicht und schnell einbauen.*
F *Beim Einsatz als Außentür bietet die mitgelieferte Aluminium-Regenleiste Schutz gegen Schlagregen. Sie wird aufgesteckt und mit Schrauben fixiert.*
G *Zum Schutz der Mauerlaibung kann die Spezialzarge durch eine Gegenzarge ergänzt werden. Sie wird mit der Türzarge verschraubt und mit ausbiegbaren Ankern am Mauerwerk angedübelt.*

27

30

28

31

29

27 Und so wird eine Stahl-Mehrzwecktür eingebaut: Zunächst wird die Zarge in die Maueröffnung eingestellt, ausgerichtet und verkeilt.

28 Beim Bohren der Dübellöcher dienen die Dübelanker als Bohrlehre.

29 Anschließend werden die langen Dübel in die Bohrung gesteckt und ...

30 ... die zugehörigen Schrauben mit einem Ring- oder Steckschlüssel angezogen. Eine Knarre erleichtert das Anziehen.

31 Dann wird das Türblatt eingehängt und durch Eintreiben der Bandbolzen mit den Zargenbändern verbunden.

32 Zum Schluß sind nur noch Schloß und Beschläge zu montieren. Die schützende Folie wird erst dann vom Türblatt entfernt, wenn keine Beschädigungen mehr zu befürchten sind und das Türblatt gestrichen werden soll.

ket enthaltener roter Keil zwischen Zarge und Türblattunterkante geklemmt.
Zur konventionellen Montage mit Mauerankern werden nun die jeweils drei auf der Band- und Schloßseite an der Zarge angeschweißten Ankerbleche herausgebogen und ihre Position am Mauerwerk der Türöffnung angezeichnet, wo nun die

33 Eine großzügige Verbindung von drinnen und draußen erlaubt eine Hebe-Schiebe-Anlage, wie sie dieses Beispiel in braun eloxierter Aluminium-Ausführung zeigt.

Öffnungen zum Einzementieren dieser Anker ausgestemmt werden müssen. Da der Umgang mit Mörtel nicht unbedingt jedermanns Sache ist und man zum Beispiel beim Ersatz einer alten Tür ungern mit viel Schmutz verbundene Stemmarbeiten vornimmt, ist die alternative Befestigung mittels Dübeln eine willkommene Montagevariante. Beim Ersatz einer alten Tür muß in diesem Fall nur der Putz im Bereich der anzudübelnden Anker abgeschlagen werden, was weniger Schmutz macht und auch leicht wieder beizuputzen ist.

Zur praktischen Dübelmontage werden jeweils zwei Dübellaschen mit einer kurzen Gewindeschraube und Mutter an dem an der Zarge angeschweißten Ende des Mauerankers angeschraubt.

Danach wird die Zarge mit geschlossenem Türblatt in die Maueröffnung eingestellt und ebenso wie zur Montage mit einzuzementierenden Mauerankern ausgerichtet. Dabei ist die Tür nach der Fußbodenhöhe auszurichten, worauf Band- und Kopfstab der Zarge exakt lotrecht beziehungsweise waagerecht ausgerichtet zu verkeilen sind. Der Schloßstab findet durch das geschlossene Türblatt seine genaue Ausrichtung und wird in dieser Position ebenfalls fixiert. Nun kann die Zarge durch Einzementieren der Maueranker, zum Beispiel mit schnell abbindendem Blitzzement, oder mittels Dübeln befestigt werden.

Zum Andübeln werden entsprechende Bohrungen mit 10 mm Durchmesser und 100 mm Tiefe zur Aufnahme der speziellen Rahmendübel in die Umfassung der Türöffnung eingebracht. Dabei dienen die Dübelbohrungen in den Dübellaschen als zuverlässige Bohrlehre und verhindern wirkungsvoll ein Verlaufen der Bohrungen. Wenn alle Dübellöcher ausreichend tief mittels Schlagbohrmaschine oder Bohrhammer eingebracht sind, werden die im Dübelpaket enthaltenen langen Nylondübel durch die Bohrungen in den Dübellaschen in die Wandbohrungen ge-

34 Auch eine doppelflügelige Aluminium-Haustür mit Sprossenverglasung wie diese weiß einbrennlackierte Ausführung mit leichter Rundung macht sich als Terrassentür sehr gut.

35 Großformatige Fenster und Hebe-Schiebetüren aus Aluminium sorgen hier für einen weiten Ausblick ins Grüne und verbinden an schönen Sommertagen Wohnraum und Terrasse.

drückt, wobei sie mit ihrem kleinen Kragen auf der Dübellasche aufliegen sollen. Die zugehörige Sechskantholzschraube kann nun eingedreht und mittels passendem Schlüssel angezogen werden. Unterlegscheibe nicht vergessen!

Falls die Tür selbsttätig schließen soll, wird nun der Türschließer angebaut, dessen Mechanik am Türblatt wie auch an der Zarge verschraubt wird. Man kann aber auch die Tür mit einem als Sonderausstattung lieferbaren Federeinsatz bestücken, der dafür sorgt, daß die Tür aus einem Öffnungswinkel von 45° selbsttätig schließt. Hierzu ist es notwendig, die Spannung des Federbandes entsprechend einzustellen. Dies geschieht auf folgende Weise: Das Spannwerkzeug, das dem Zubehör beiliegt, wird als Hebel in die Bohrung des Federnbandbolzens eingesteckt, worauf sich die Feder durch Drehen des Bolzens in Öffnungsrichtung der Tür spannen läßt. Anschließend Stellstift in die Bohrung des Bandteiles einsetzen und Funktion überprüfen. Falls die Tür aus einem Öffnungswinkel von 45° nicht selbsttätig schließen sollte, muß die Feder entsprechend nachgespannt werden.

Wenn diese Arbeiten abgeschlossen sind, kann die Zarge mit Mörtel eingeputzt werden. Bei Außentüren, die zudem nach außen öffnend eingebaut sind, empfiehlt es sich, die zum Lieferumfang gehörende Regenleiste auf das obere Zargenprofil aufzusetzen. Sie wird unter Verwendung einer Holzbeilage mit leichten Hammerschlägen bis zum Anschlag auf die Zargenaufkantung getrieben und verhindert, daß Schlagregen in den oberen Türspalt eindringt. Das Regenleistenprofil aus Aluminium kann durch einen Anstrich farblich angepaßt werden.

Wird ein Nebenausgang häufig zum Transport sperriger Güter wie Gartengeräte benutzt, kann es vorteilhaft sein, zum Schutz der Türlaibung eine Gegenzarge zu montieren. Diese ist als Zubehör in verschiedenen Breiten erhältlich und wird mit selbstschneidenden Blechschrauben mit der eigentlichen Türzarge verschraubt, nachdem diese montiert wurde. Die Schrauben sitzen in der Aufnahmenut der Dichtung, so daß diese zum Anschrauben der Gegenzarge herausgezogen werden muß.

Auf der Gegenseite wird die aus 1,5 mm dickem, feuerverzinktem Stahlblech bestehende Gegenzarge mit einem herauszubiegenden Dübelanker mit 6-mm-Kunststoffdübeln (Fischer S6) und Holzschrauben 4 x 35 mm mit Halbrundkopf befestigt. Sie kann dann mit Mörtel ausgegossen und beigeputzt werden.

Eine solche Gegenzarge empfiehlt sich vor allem, wenn der Keller verputzt und zur Nutzung für Freizeit-Aktivitäten ausgebaut ist.

Was tun bei erhöhtem Sicherheitsbedürfnis?

Wie bereits erwähnt, kommen die meisten Einbrecher durch die Tür. Dabei sind Nebentüren aufgrund ihrer oft versteckten Lage — zum Beispiel im außenliegenden Kellertreppenschacht oder auf der Rückseite des Gebäudes — bevorzugte Angriffspunkte, zumal hier oft relativ leicht zu knackende Türen anzutreffen sind.

Wer den Hauseingang mittels Sicherheitstür gegen Eindringlinge sichert, tut gut daran, auch den Nebeneingang zum Haus entsprechend abzusichern. Für diesen Zweck gibt es Stahl-Sicherheitstüren, wie sie beispielsweise Hörmann mit der für den Außeneinsatz geeigneten Tür Si9A anbietet. Diese verfügt über ein 65 mm dickes, glattes Türblatt aus feuerverzinkten, grundierten Stahlblechen und ist dreiseitig gefälzt. Sie wird komplett mit einer besonders stabilen Stahleckzarge geliefert, die mit sechs Stahldübeln funktionsgemäß im Mauerwerk verankert wird. Eine Auflaufschwelle, an die sich eine untere Abschlußdichtung des Türblattes anlegt, und eine dreiseitig umlaufende Dichtung im Zargenfalz sorgen für die gewünschte hohe Dichtigkeit und gute Schall- und

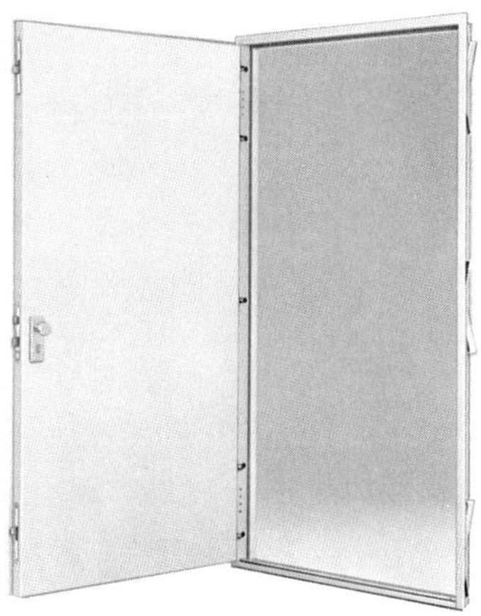

36 Bei erhöhtem Sicherheitsbedürfnis sollte man auch die Nebentüren entsprechend wählen. Eine zuverlässige Lösung stellt die neunfach gesicherte Hörmann-Sicherheits-Tür Si9A dar.

Wärmedämmung. Drei Sperriegel nebst üblicher Falle und fünf Sicherungsbolzen auf der Bandseite sorgen für ein hohes Maß an Sicherheit, das durch eine Einstufung als »einbruchhemmend nach DIN 18103« ausgewiesen ist.
Die Montage entspricht der von Haustüren.

Balkon- und Terrassentüren

Neben Haustür und Nebentüren, die den Zugang vom Keller oder der Garage zum Garten ermöglichen, nehmen Balkon- und Terrassentüren als Außentüren am Haus eine prominente Stellung ein, denn sie sind nicht nur Abschlußelemente zwischen drinnen und draußen, sondern haben auch eine starke gestalterische Funktion, die das Erscheinungsbild des Hauses mitprägt. Entsprechend groß ist auch die Notwendigkeit, sie in das Gesamtbild des Hauses harmonisch einzubinden wie auch die Möglichkeit, durch eine markante Tür gestalterische Akzente zu setzen.
Je nach den architektonischen Gegebenheiten hat man bei der Wahl von Balkon- und Terrassentüren zwei Möglichkeiten der Türwahl.

Bei separaten, nicht mit der Fensteranlage verbundenen Zugängen zur Terrasse (seltener zum Balkon) kann man zum Beispiel sehr gut eine Aluminium-Sprossentür mit Isolierverglasung wählen, die unter Umständen das Erscheinungsbild der Haustür aufnimmt. Da solche Türen in der Regel von beheizten Innenräumen ins Freie führen, empfiehlt sich hier die Wahl einer besonders wirkungsvoll wärmegedämmten Ausführung der Rahmengruppe 2.1 wie sie die Hörmann-Aluminium-Haustüren ESW 2.1 darstellen. Diese gibt es in einer breiten Palette von Gestaltungsvarianten sowohl hinsichtlich der Oberflächenausführung (weiß einbrennlackiert, bronzefarben eloxiert wie auch in Sondertönen nach der RAL-Palette) als auch hinsichtlich der Verglasung, wobei sowohl in der Aufteilung als auch in der Verglasung selbst von planer Isolierverglasung bis zu Butzenscheiben oder Ornamentgläsern viele Wahlmöglichkeiten bestehen. Wie das Rahmenwerk von Blend- und Flügelrahmen sind auch die Sprossen thermisch getrennt und sorgen so für eine optimale Wärmedämmung.

Außer in der üblichen rechteckigen Türform sind auch Varianten mit Segment-, Stich- und Rundbögen als Sonderausführung möglich, womit sich eine solche Tür in ein- oder auch zweiflügeliger Ausführung zwanglos dem jeweiligen Haustyp und Baustil anpassen läßt. Ihre Montage entspricht der von Aluminium-Haustüren.

Häufig schließen sich bei Balkonen und Terrassen Türen an Fensterelemente an. Hierbei handelt es sich dann meist um Türen, die in Aufbau und Verglasung vollkommen dem Fensterbild entsprechen. Fensterelement und Tür, bei der es sich in der Regel um eine Dreh-Kipp-Tür (DKT) handelt, bilden hier eine Einheit. Fenster-

37

39

38

40

37 Eine neue Tür für die Terrasse. Zuerst wird vor der Montage der Türflügel ausgehängt.

38 Hier ist die thermische Trennung von Innen- und Außenprofil der Aluminium-Drehkipptür der Rahmengruppe 2.1 deutlich zu erkennen. Regenleiste und Anschlußprofil werden hier gerade in das äußere Zargenprofil eingehängt und . . .

39 . . . anschließend zur Befestigung mit Kunststoff-Klemmstücken versehen.

40 Diese werden dann mit der Wasserpumpenzange gegeneinander gedrückt und verkeilen die einhängenden Profile in der Montageposition.

41 Im Durchsteckverfahren wird der Zargenrahmen mit langen Rahmendübeln im Mauerwerk verankert.

und Türprofile lassen sich sowohl bei Aluminium- als auch in Kunststoffausführung mittels eingeschobener Verbindungsprofile mechanisch sicher und dicht verbinden. Die Montage entspricht der von Aluminium- oder Kunststoffenstern (siehe Seite 101 ff.).

Auch bei dieser Lösung ist es möglich, dem Baustil des Hauses sowohl hinsichtlich der Fenster- und Türform, ihrer Verglasung und ihrer Oberflächenausführung und Farbe gerecht zu werden.

Sicherungsmöglichkeiten gegen Langfinger

Balkon- und Terrassentüren sind ebenfalls bei Dunkelmännern als Einstiegsmöglichkeit sehr beliebt, so daß sich auch hier Sicherungsmaßnahmen lohnen. Dient eine Aluminium-Haustür zum Beispiel mit Sprossenverglasung als Zutritt zu Balkon oder Terrasse, so kann man die bei Haustüren möglichen Sicherungselemente wie aufbohrgeschütztes Zylinderschloß, Drei-Riegelschloß und Sicherungsbolzen auf der Bandseite verwenden.

Bei Balkon- und Terrassentüren mit Dreh-Kipp-Beschlag besteht, falls man keine speziell gesicherte Türverriegelung vorsieht, sehr leicht die Möglichkeit, die Tür von außen mittels einem durch die Bohrung gesteckten Draht zu entriegeln. Um dies zu verhindern, sollte man einen Türhebebeschlag mit Sicherheitsschloß vorsehen, der diese relativ leichte Möglichkeit zum unbefugten Eindringen blockiert. Wichtig ist allerdings, daß man den Beschlag dann auch abschließt. Risikoreich ist es übrigens auch, während einer Abwesenheit Türen oder Fenster in Kippstellung zu belassen, weil auch hier mittels Drahtbügel und anderen Raffinessen leicht eine völlige Entriegelung von Fenster oder Tür von außen möglich ist.

Als zusätzliche Sicherung gegen Einbrecher kann auch ein Rolladen dienen, der in Tür- und Fensteranlagen aus Aluminium oder Kunststoff leicht integriert werden kann. Von Hörmann gibt es zum Beispiel komplette Fensterelemente wie auch Balkontüren mit fix und fertig angebautem Rolladensystem. Damit der Rolladen nicht mühelos hochgeschoben werden kann, sollte man ihn mit einem Sicherungsstift versehen.

Innentüren

Unter Sicherheitsaspekten sind nicht nur die Außentüren zu sehen. Im Mehrfamilienhaus wie auch in einem Einfamilienhaus, das sich, wie oft bei Freiberuflern üblich, in einen privaten und einen geschäftlichen Bereich aufteilt, gilt es, entweder den Zugang zur Wohnung oder auch bestimmte Bereiche wie die möglicherweise besondere Werte bergenden Geschäftsräume sehr sorgfältig abzusichern.
Zu wenig widerstandsfähige Türen sind in diesem Bereich geradezu eine Einladung für Einbrecher, denen oft nur eine kurze Abwesenheit der Bewohner ausreicht, um sich fremdes Hab und Gut anzueignen. Typisch für solche Aktionen sind die bekannten »Mittagseinbrüche«. Neben dem Türblatt und einer mangelhaften Schloßausstattung, zum Beispiel mit überstehendem und daher leicht abzudrehendem Zylinder, ist oft auch die Zarge ein Schwachpunkt. Bei manchen Wohynungstüren ist sie so schwach ausgelegt, daß sie nicht einmal bloßem Anrennen standhält. Meist reißt bei solch einer Attacke das Schließblech aus, wenn dieses nicht als Sonderausführung mit langen Dübelankern im Umfassungsmauerwerk der Tür verankert ist.

42

43

42 Schutz gegen Einbrecher wie auch gegen übergreifendes Feuer bietet die Hörmann Wohnungsabschlußtür T 30-1 – hier im dekorativen Teak-Dekor mit Weitwinkelspion und farblich abgesetzter Zarge.
43 Und so präsentiert sich diese Tür von der Wohnungsseite.

Mehr Sicherheit bietet hier die Kombination einer Stahl-Innentür mit einer Stahlzarge, die es heute in durchaus wohnlicher Gestaltung zum bauseitigen Anstrich wie auch mit dekorativ kunststoffbeschichtetem Türblatt gibt. Neben einer höheren Widerstandsfähigkeit gegenüber Einbruchsversuchen bietet eine solche Tür auch im Brandfalle hinhaltenden Widerstand.

Die Wohnungsabschlußtür

Umfassende Sicherheit gegen die Risiken Einbruch und Brand bietet zum Beispiel die Hörmann-Wohnungsabschlußtür, die als feuerhemmende Stahltür T 30-1 nach DIN 4102 ausgelegt und bauaufsichtlich zugelassen ist. Sie entspricht in Konstruktion und Ausstattung hinsichtlich Türblatt, Zarge und Beschlägen der wohnlich dekorativen Feuerschutztür T30-1 WT und erweist sich dank ihrem 56 mm dicken, dreiseitig gefälzten Türblatt mit verstärkten Bändern und Sicherungsbolzen als wirkungsvolle Barriere gegen Einbruch. Als Wohnungsabschlußtür empfiehlt sie sich auch durch ihre umlaufende APTK-Dichtung, die im Verein mit der Mineralfaserdämmung des Türblattes für eine gute Wärmedämmung mit einem k-Wert von 2,3 W/m^2K und auch für eine gute Abschirmung von Treppenhausgeräuschen wie auch selbstverständlich in umgekehrter Richtung, womit das Haus weniger hellhörig wird.
Für zusätzliche Sicherheit sorgt ein Weitwinkel-Türspion, so daß man sehen kann, wer vor der Tür steht. Als weiteres Sicherungselement läßt sich eine abschließbare Kette oder auch ein Zusatzschloß mit Sicherheitsriegel anbringen.
Neben der Grundausführung aus feuerverzinktem Stahlblech gibt es die Wohnungsabschlußtür aus Stahl auch kunststoffbeschichtet in den Farben Platinweiß, Goldgelb, Orange, Moosgrün, Kaminrot, Azurblau und Sepiabraun mit feiner Narbung wie auch mit Holzdekor mit feiner Maserungsprägung in den Dekoren Teak, Eiche hell, Eiche rustikal, Sapeli-Mahagoni und Nußbaum. Die Folienbeschichtung ist jeweils 200 My dick — also viermal so dick wie eine übliche Lackierung.

Einfache Montage mit Maueranker oder Dübelankern

Die stabile Stahlzarge bedarf auch einer entsprechend soliden Befestigung im Umfassungsmauerwerk der Türöffnung. Hierzu ist die Zarge der feuerhemmenden Stahltür T 30-1 mit innerhalb des Zargenprofils angeschweißten Ankern versehen. Diese müssen zur Montage so ausgebogen werden, daß sie entweder in die zuvor ausgestemmten Löcher im Mauerwerk der Türöffnung hineinragen oder nach dem Einstellen der Zarge in die Türöffnung auf der Wand plan aufliegen, um hier angedübelt zu werden.
Ob man nun die Anker einzementiert oder andübelt, auf jeden Fall muß die Zarge zunächst in die korrekte Montageposition gebracht werden. Ein wichtiges Orientierungsmaß ist hierbei der Meterrißanker, eine genau 1000 mm über der Oberfläche des fertigen Fußbodens liegende Markierung auf dem Zargenanker.
Bei der Montage kommt es darauf an, ob die Zarge zum Beispiel in einem Neubau vor dem Gießen des Estrichs eingebaut wird oder nachträglich, wie dies auch bei Renovierungen der Normalfall ist.
Ist der Estrich noch nicht eingebracht, werden die Transportwinkel, die zugleich als Distanzprofil für die untere lichte Zargenweite dienen und eine Knickbeanspruchung der Zargenschenkel beim Transport verhindern sollen, in ihrer Position belassen und in den Estrich mit eingegossen. Die Estrichoberkante wird in diesem Fall von der an der Zarge angebrachten Markierung (OFF) festgelegt und ist beim Gießen des Estrichs unter Beachtung weiterer Beläge genau einzuhalten.

Soll die Tür bei bereits fertiggestelltem Fußboden eingebaut werden, ist die Zarge in Höhe der Markierung OFF mit einer Metallsäge oder mit einem Trennschleifer gerade abzuschneiden. So ist es nicht notwendig, den Estrich aufzustemmen. Ein auf das lichte Innenmaß der Zarge zugeschnittenes Brett sorgt bei der anschließenden Montage der Zarge für den vorgeschriebenen Abstand der Zargenschenkel in Fußbodenhöhe.

Nachdem die Zarge entsprechend der Meterrißmarkierung ausgerichtet und mittels Wasserwaage sowohl in der Senkrechten als auch in der Waagerechten genau ausgefluchtet wurde, wird sie an den Ecken und in Schloßhöhe in der Maueröffnung verkeilt und nochmals auf exakten Sitz überprüft.

Nun wird der Türflügel eingehängt und probeweise geschlossen, um sowohl die Luftspalte als auch das Anliegen der Schließkanten umlaufend zu überprüfen. Bei nicht einwandfreiem Sitz des Türblattes ist Nachrichten durch Verändern des Bandsitzes in der Höhe oder auch in der Dichtungsebene möglich. Hierzu sind bei geöffneter Tür die Befestigungsschrauben in der Bandtasche zu lösen und nach Korrektur des Bandsitzes wieder festzuziehen.

Während die Türbänder übrigens im Lieferzustand mit dem Türblatt verschraubt sind, werden die Zargenbänder separat im Zubehörpaket geliefert und müssen vor Montage der Zarge angeschraubt werden. Hierzu sind zunächst mit einem 5-mm-Sechskantstiftschlüssel die Befestigungsschrauben in der Bandtasche zu lösen, worauf das Zargenband durch den Aufnahmeschlitz in die Zarge gesteckt wird. Dabei muß eventuell mit einem Schraubendreher die Klemmplatte zur Seite gedrückt werden.

Das Band ist so festzuschrauben, daß vom oberen Zargenfalz bis zur Unterkante der oberen Rolle ein Abstandsmaß von 180 mm eingehalten wird. Die entsprechende Position ist durch eine Kerbe am Zargenspiegel markiert. Ebenso ist eine solche Kerbe am unteren Bandschlitz eingedrückt. Auch hier müssen Kerbe und Unterkante der oberen Bandrolle übereinstimmen. Der Drehpunkt des Zargenbandes (Mittelpunkt des Bandbolzens) soll etwa 15 mm vor dem Zargenspiegel liegen.

Zwischen dem unteren Rahmenband und dem Türband sorgt ein Druckkugellager für eine leichtgängige Tür. Der Bandbolzen sollte aus dem gleichen Grunde mit Fett eingestrichen werden. Durch Festziehen der Schraubkappen wird der Bandbolzen schließlich gesichert.

Bei der Dübelmontage müssen die Ankerenden so abgebogen werden, daß sie nach Einstellen der Zarge zunächst einseitig auf der Wand aufliegen. Die Anker sind auf der Gegenseite zunächst nur soweit auszubiegen, daß sich die Zarge durch die Maueröffnung schieben läßt. Erst dann werden sie auf der Gegenseite so zurechtgebogen, daß sie in der Laibung oder auf der Wandfläche gedübelt werden können. Entsprechende Dübel und Schrauben liegen dem Zubehörpaket bei.

Bei der klassischen Mauerankerbefestigung müssen die Anker mit Zementmörtel in die für sie ausgestemmten Maueröffnungen eingemauert beziehungsweise ausgegossen werden.

Wenn die Tür ordnungsgemäß eingebaut ist, müssen noch Profilzylinder und Drükkergarnitur eingebaut werden. Zuerst wird der Profilzylinder ins Schloß eingeschoben und mit der zugehörigen Schraube von der Stirnseite des Türblattes festgeschraubt. Die Funktionsprüfung erfolgt am besten bei geöffneter Tür. Als nächstes werden die Kurzschilder montiert und die Drücker zusammengesteckt. Sie sind soweit zusammenzudrücken, daß sie spielfrei in den Schildern geführt sind. In dieser Position arretieren sie selbsttätig durch eine Rastenverbindung. Sollen später einmal die Drücker entfernt werden, ist die Stiftschraube am Drückerinnenteil zu lö-

sen. Bei der Verwendung als Wohnungsabschlußtür wird der äußere Drücker wie bei einer Haustür durch einen Knopf ersetzt.
Zum Schluß ist nun noch die Dichtung in den dafür vorgesehenen Zargenfalz einzudrücken. Sie besteht aus einem PVC-Hohlkammerprofil und wird an den Ecken mit einem scharfen Cuttermesser auf Gehrung geschnitten. Nach Einsetzen der Dichtung sollte man noch einmal die Justierung der Tür prüfen, denn die Tür darf auf der Bandseite nicht zwängen und muß sich leicht schließen lassen. Ist dies nicht gegeben, müssen die Bänder wie oben beschrieben gelockert und entsprechend eingestellt werden. Es kann auch notwendig sein, die Schließschlitze mit einer Schlichtfeile nachzuarbeiten.
In der Regel wird die feuerverzinkte Zarge bauseitig lackiert. Hierzu sollte die Dichtung unbedingt entfernt werden, um zu verhindern, daß die Dichtung durch Anstrichmittel angegriffen wird. Insbesondere Nitrozellulose, PVC- und Acryllacke vertragen sich nicht mit dem Dichtungsmittel. Erst nach vollständigem Durchtrocknen des Anstriches sollte die Dichtung wieder eingesetzt werden.

44 Wer Werte im Haus verwahrt oder als Freiberufler besonders zu sichernde Akten, Dokumente oder Objekte vor dem Zugriff Unbefugter schützen will, ist mit einer Stahl-Sicherheitstür Si9 mit neunfacher Sicherung gut beraten. Zur Abwehr von Gewalttätern gibt es diese Tür auch in beschußhemmender Ausführung wahlweise gegen Faustfeuerwaffen oder auch gegen Langwaffen Schutz bietend.

Noch mehr Sicherheit: Eine Sicherheitstür als Wohnungsabschluß

Wer besondere Werte in seiner Wohnung oder zugehörigen Geschäftsräumen aufbewahrt, muß oft allein aus Versicherungsgründen für eine umfassendere Sicherung seines Eigentums sorgen. Hier ist zum Beispiel eine Sicherheitstür am Platze, die es auch als Wohnungsabschlußtür mit Spion gibt. Solche Türen gibt es in verschiedenen Sicherheitsausstattungen. Hörmann liefert Stahl-Sicherheitstüren für den Inneneinsatz feuerverzinkt zum bauseitigen Anstrich wie auch mit Folienbeschichtung in sechs Farben und vier Holzdekoren. Äußerlich sind sie so von einer normalen Stahl-Wohnungstür T 30-1 nicht zu unterscheiden, womit potentielle Diebe auch nicht auf eine beuteverheißende Wohnung aufmerksam gemacht werden.
Die Skala der Sicherheitsstufen reicht von der nach DIN 18103 einbruchhemmenden Grundausführung Si9 mit neunfacher Verriegelung (entsprechend den Außen-Sicherheitstüren mit vierfacher Verriegelung und fünf Sicherungsbolzen) über eine zusätzlich beschußhemmende Variante

Si9/M3, die dem Beschuß mit Faustfeuerwaffen laut Prüfbericht Nr. 6600-15 des Beschußamtes Ulm/Donau standhält, bis zur beschußhemmenden Sicherheitstür Si9/M5, die sogar gegen Langwaffen Schutz bietet (Prüfbericht Nr. 5220/M83 185). Diese beiden Varianten sind eine wirksame Vorbeugung gegen Gewalttäter, die möglicherweise mit Waffengewalt ein Öffnen der Tür zu erzwingen suchen.

Alle drei Stahl-Sicherheitstüren für den Inneneinsatz sind wie Feuerschutztüren aufgebaut und erfüllen damit auch entsprechende Brandschutzanforderungen.

Bei der einbruchhemmenden Sicherheitstür Si9 wie auch bei der zusätzlich gegen Faustfeuerwaffen beschußfesten Variante Si9/M3 ist das glattflächige und somit keinerlei Angriffspunkte bietende Türblatt aus soliden feuerverzinkten oder verzinkten und zusätzlich kunststoffolienbeschichteten Stahlblechen bestehende, dreiseitig gefälzte Türblatt, 56 mm dick, bei der gegen Langwaffen beschußhemmenden Ausführung beträgt die Türblattdicke sogar 76 mm.

Zusätzliche Sicherheitselemente sind besonders stabile, kugelgelagerte Spezialbänder mit Edelstahl-Übersteckhülsen, ein stahlarmierter Leichtmetall-Sicherheitsbeschlag (Wechselgarnitur) mit aufbohrgeschütztem Schließzylinder nach DIN 18252 mit RAL-Gütezeichen. Ohne Sicherungsschein gibt es keine weiteren Schlüssel, so daß Eindringlingen das Eindringen mit Nachschlüsseln erheblich erschwert wird.

Zur gewichtigen Sicherheitstür gehört auch eine entsprechende Zarge. Sie besteht in diesem Fall aus feuerverzinkten Stahlprofilen und ist als Umfassungszarge ausgebildet. Sie bildet also ein U-förmiges Profil, das mittels sechs Stahlankern mit dem Mauerwerk verbunden wird und so auch einem Angriff mit grober Gewalt standhält.

Neben den wichtigen Sicherheitsaspekten muß eine Wohnungsabschlußtür selbstverständlich auch den Anforderungen an den Wärme- und Schallschutz entsprechen. Dies geschieht einmal durch die dicke Isoliereinlage des Türblattes und zum zweiten durch eine Rundum-Abdichtung. Sie erfolgt bei der nur einbruchhemmenden Si9 durch eine dreiseitig umlaufende Dichtung im Zargenfalz, die durch eine untere Dichtung am Türblatt und eine als Gegendichtung dienende Auflaufschwelle komplettiert wird.

Um auch einem Durchschußversuch im Schwellenbereich wirkungsvoll vorzubeugen, ist bei den beiden beschußhemmenden Ausführungen Si9/M3 und Si9/M5 die Zarge mit einem stabilen Stahl-Anschlagwinkel versehen, vor dem die Auflaufschwelle liegt.

Der fachgerechte Einbau von Stahl-Sicherheitstüren

Naturgemäß sind solche Sicherheitstüren verhältnismäßig gewichtig. Sie verlangen zudem, um in vollem Maße wirksam zu sein, eine fachgerechte Montage. Angesichts der Kosten einer solchen Stahl-Sicherheitstür und ihrem speziellen Zweck, Werte sowie Leib und Leben zu schützen, ist der Einbau durch den Fachmann ratsam. Er erfolgt in folgenden Schritten.

Zunächst müssen die Bänder an der Zarge montiert werden. Hierzu werden die Bandunterteile in die Unterschweißtasche gesteckt und mit einem 5-mm-Sechskantstiftschlüssel festgeschraubt. Ihr Drehpunkt soll etwa 14 mm vor der Zarge liegen. Vor dem Einhängen des Türblattes müssen die Edelstahl-Übersteckhülsen auf die Bandteile von Zarge und Türblatt geschoben werden.

Die Verankerung der Sicherheitstüren erfolgt mit an der Zarge angeschweißten Ankern, die zur Montage ausgebogen werden müssen. Dann wird die Zarge in die mit entsprechenden Ankeraussparungen versehene Maueröffnung eingestellt, nach Meterriß (siehe S. 56) ausgerichtet und nach Einrichten in der Horizontalen und

Vertikalen an den Ecken wie auch im Schloßbereich in der Maueröffnfung verkeilt.

Nun kann der Türflügel eingehängt und auf einwandfreies Schließen geprüft werden. Besondere Beachtung ist dabei gleichmäßig breiten Luftspalten und gutem Anliegen der Schließkanten zu widmen. Nach probeweisem Einziehen der Dichtung kann man zugleich auch sicherstellen, daß das Türblatt auf der Bandseite nicht zwängt und daß sich die Tür leicht schließen läßt. Wenn dies nicht der Fall sein sollte, müssen die Bandunterteile gelöst, entsprechend eingestellt und wieder festgeschraubt werden.

Es kann mitunter auch notwendig sein, die Schließschlitze in der Zarge durch Ausfeilen nachzuarbeiten, was jedoch zweckmäßig erst nach fertig eingebauter Zarge erfolgt. Nach Abschluß der Justierarbeiten können die Anker in den dafür vorgesehenen Maueröffnungen mit Zementmörtel eingemauert werden.

Zum Schluß wird die Zarge mit dünnflüssigem Zementmörtel ausgegossen und so lückenlos mit dem Umfassungsmauerwerk verbunden.

Vor Montage der Drückergarnitur wird zunächst der Profilzylinder eingesetzt, wie üblich mit einer von der Stirnseite des Schlosses einzudrehenden Schraube gesichert und bei geöffneter Tür auf einwandfreie Funktion geprüft. Anschließend werden die zur Sicherung gegen mechanische Attacken auf das Schloß dienenden Stahlunterschilder auf den Profilzylinder aufgeschoben und von der Innenseite mit vier entsprechend langen Senkkopfschrauben M5 angeschraubt. Das Alu-Knopfschild, das auf der Türaußenseite die übliche Klinke ersetzt, kann nun ebenfalls aufgesteckt werden. Es besitzt einen drehbar gelagerten Stift und wird von außen aufgesetzt. Dabei darauf achten, daß die V-förmige Ausnehmung des Stiftes nach vorn weist. Nun wird auch das innere Alu-Abdeckschild in Montageposition gebracht und mittels zwei langen M5-Linsensenkkopfschrauben mit dem äußeren Knopfschild verbunden. Nun muß nur noch der Türdrücker innen auf den herausragenden Vierkant aufgeschoben und dort mit der im Drücker versenkten Madenschraube mittels 3-mm-Sechskant-Stiftschlüssel festgesetzt werden.

Falls eine verzinkte Tür zum bauseitigen Anstrich gewählt wurde, ist zu beachten, daß die Dichtung nicht mit Lacken und Farben in Berührung kommt. Sie wird deshalb vor Beginn der Lackierarbeiten wieder entfernt und erst nach gründlichem Trocknen der Lackierung zurück in den Zargenfalz gedrückt.

Nach komplettem Einbau ist die Sicherheitstür noch einmal gemäß dem mitgelieferten Datenblatt auf Einhaltung der vorschriftsmäßigen Luftspalte und einwandfreie Funktion zu überprüfen. Möglicherweise kann es notwendig sein, die Öffnungen zur Aufnahme der Sicherungsbolzen geringfügig nachzuarbeiten, wie dies eventuell auch an den Schließöffnungen erforderlich sein kann. Auch hier ist das vorgeschriebene Spiel zu beachten!

Für den Einbau innerhalb abgeschlossener Gebäudebereiche, zum Beispiel zur Sicherung besonders zu sichernder Räume, gibt es die Stahl-Sicherheitstür Si9 übrigens auch mit einbruchhemmend montiertem Verglasungsrahmen und Sicherheitsverglasung (Kinon-Contracrime). Die Verglasung sorgt hierbei nicht nur für einen erwünschten Lichteinfall von außen, sondern bietet auch als zusätzlichen Sicherheitseffekt einen Sichtkontakt. Sicherheit nach Maß bieten schließlich als Sonderausstattung erhältliche Extras wie der ausschließlich beim Typ Si9 nachrüstbare Weitwinkelspion, Sicherheitskette, Obentürschließer oder eingebaute Öffnungsmelder (Reed-Kontakt) beziehungsweise Verschlußkontrolle durch Riegel-Kontakt.

Bei Bedarf können diese Sicherheitstüren ebenso wie die Sicherheitshaustüren mit einem elektrischen Türöffner versehen werden.

Die Wohnungsinnentür

Auch innerhalb der Wohnung haben Stahl-Innentüren in dekorativer Ausführung in jüngster Zeit mehr und mehr an Bedeutung gewonnen. Leichter Einbau mittels Dübelmontage, dauerhafte Maßhaltigkeit und Dichtigkeit sowie Robustheit und Pflegeleichtigkeit haben Innentüren aus feuerverzinktem oder verzinktem und dekorativ folienbeschichtetem Stahl einen wachsenden Markt eröffnet.
Der moderne, geradlinige Wohnstil hat diese Entwicklung sicherlich zu einem gewissen Maße begünstigt, doch präsentieren sich hochwertige Stahl-Innentüren heute durchaus auch in einem Erscheinungsbild, das sich auch zwanglos in ein traditionell wohnlich eingerichtetes Haus fügt. Dabei finden vor allem kunststofffolienbeschichtete Stahltüren mit täuschend echt anmutendem und sogar in der typischen Holzstruktur genarbten Holzdekorbeschichtung Verwendung.

45 Mit ihrer sachlich-funktionellen Linie fügt sich die Stahl-Innentür hier mit dunkelbrauner Kunststoffolienbeschichtung harmonisch ins moderne Interieur.

Das Angebotsspektrum ist hinsichtlich Oberflächenausführung, Abmessungen und Ausstattung, zum Beispiel mit Verglasungsausschnitt, so weit gefächert, daß es praktisch jedem Geschmack und Wohnstil gerecht wird.

Stahl-Innentüren im Wohnbereich

Wer zum erstenmal von einer Stahl-Innentür hört, denkt üblicherweise an ein schweres Türelement, das man sich eigentlich nur in Betriebsgebäuden und Kellern vorstellen kann. Schaut man dann jedoch eine Stahl-Innentür für den Wohnbereich an, so wird man erstaunt feststellen, daß die Realität anders aussieht. Stahl-Innentüren sind keineswegs schwer und überraschen, wie das Beispiel der ZK- und ZK-Extra-Innentüren von Hörmann zeigt, durch ihre ausgesprochen dekorative, wohnliche Gestaltung.
Das doppelwandige, glattflächige Türblatt ist 40 mm dick. Die beiden Stahlblechdeckschichten umschließen eine schall- und wärmedämmende Wabeneinlage, die mit der Außenhaut aus verzinktem Stahlblech verklebt ist. Die Außenflächen sind je nach Ausführung zum bauseitigen Anstrich altweiß grundlackiert oder mit einer dekorativen 200 My dicken Kunststofffolienbeschichtung versehen, die in leuchtenden Farben wie auch in täuschend echt anmutenden Holzdekoren zur Wahl steht.
Die Türelemente sind im Bereich der Bänder mit massiven Verstärkungseinlagen ausgestattet, die einen sicheren Bandsitz auf Dauer garantieren.
Bei Bedarf läßt sich das Türblatt sogar um bis zu 20 mm durch einfaches Absägen kürzen, denn im unteren Bereich ist eine imprägnierte, stabile Holzeinlage eingelassen, die auch bei gekürztem Blatt für einen sauberen Abschluß sorgt. Zum Kürzen des Blattes dient eine an einer über das Türblatt gespannten Leiste geführte Stichsäge, die mit einem feinschnittigen Sägeblatt für Stahlblech bestückt ist. Ei-

46

47

48

46 Harmonie in Stil und Farbe: Hörmann-Stahl-Innentür ZK-Extra mit gelber, pflegeleichter Kunststoffolienbeschichtung und farblich abgesetzter Stahlzarge.

47 Die lichtgrau grundierten Hörmann-Zargen sind zur sofortigen bauseitigen Lackierung vorgerichtet und lassen sich sowohl Ton-in-Ton zum Türblatt passend als auch kontrastierend streichen. Man kann sie aber auch der Wandfarbe anpassen und so gleichsam »wegstreichen«.

48 Aber auch im stimmungsvoll renovierten Altbau hat sie ihren Platz – hier mit Eichen-Dekorbeschichtung und grün abgesetzter Zarge.

nem sauberen Schnittergebnis kommt ein mäßiger Vorschub zugute. Um Metallabriebspuren von der Sohle der Stichsäge zu vermeiden, tut man gut daran, die Gleitbahn der Stichsäge auf dem Türblatt mit zwei breiten Tesapack-Streifen abzukleben. Das Klebeband wird beim Sägen mit durchtrennt.

Hörmann-Stahlinnentüren ZK und ZK-Extra sind serienmäßig mit einem buntbartgelochten Einsteckschloß versehen, das in einer Verstärkungslasche im Türblatt

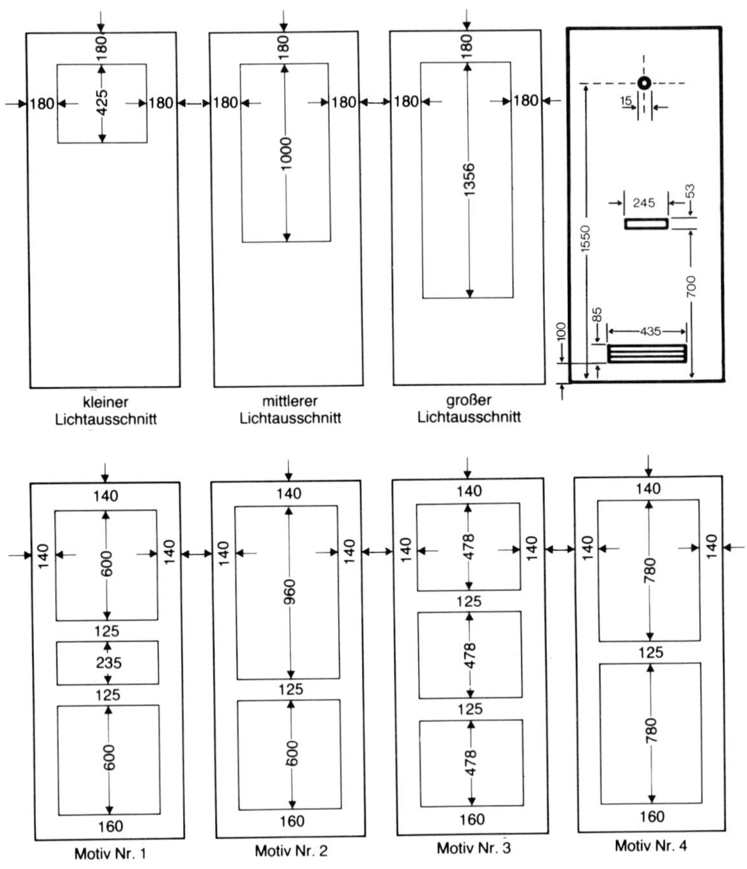

49 Wandlungsfähig präsentieren sich die ZK- und ZK-Extra Innentüren. Sie können mit Verglasungsrahmen in verschiedenen Größen wie auch mit Spion, Luftgitter oder Briefdurchwurf und in vier Varianten mit verschiedenen Kassettenanordnungen versehen werden. Auch die Kassettenfelder könnern verglast werden.

geschraubt ist und jederzeit durch ein Profilzylinder- oder Badezellenschloß ausgetauscht werden kann. Universell für Profilzylinder — wie auch Buntbartschloß verwendbar ist eine neue Drückergarnitur, wobei entsprechend der Schloßart die Profilzylinderlochung verwendet oder bei Verwendung eines Buntbartschlosses in das Kurzschild ein entsprechender Einsatz eingeklipst wird.

Der Einbau eines Badezellenschlosses ist normalerweise nur bei öffentlichen Toiletten, Hotelbadezimmern und Umkleidekabinen in Schwimmbädern üblich. Dabei wird die Tür vom Benutzer des Bades, der Toilette oder der Umkleidekabine von innen mit einer Knebeldrehung gegen Öffnen von außen verriegelt.

Für den Notfall bleibt aber dennoch eine Öffnungsmöglichkeit von außen, da sich der Riegel auch mit einer Münze, die man in die auf der Außenseite glatt mit dem Türbeschlag abschließenden Riegelachse drückt und dreht, entriegeln läßt. Ein solches Badezellenschloß kann auch im privaten Bereich nützlich sein, wenn man zum Beispiel kleine Kinder hat, die sich leicht einmal versehentlich einschließen und sich trotz steckendem Schlüssel bei regulärem Schloß nicht selbst befreien können. Von außen wäre ein normales Buntbartschloß dann nur durch Herausstoßen des Schlüssels und mittels Zweitschlüssel zu öffnen. Schnell und unkompliziert läßt sich die Tür dagegen buchstäblich im Handumdrehen öffnen, wenn sie mit einem Badezellenschloß versehen ist, das auch einer hilflosen Person schnelle Hilfe bringt. Üblicherweise sucht man ja, im Falle von Übelkeit oder Unwohlsein, Bad oder Toilette auf und schließt sich dort vielleicht aus Gewohnheit ein. Eine schnelle Öffnungsmöglichkeit kann in manchen Fällen lebensrettend sein.

Als Abschlußtür für Bad und WC ist eine Stahl-Innentür durch ihre korrosionssichere Verzinkung wie auch durch ihre pflegeleichte und hygienisch einwandfreie Kunststoffbeschichtung oder auch Lackierung besonders gut geeignet. Für den notwendigen Luftwechsel, der vor allem bei Bädern mit gasbetriebenen Warmwasserbereitern unumgänglich ist, kann eine solche Tür auch im unteren Bereich mit einem Lüftungsgitter aus Kunststoff versehen werden, das auch bei fensterlosem Bad zusätzlich zur üblichen Kölner oder Berliner Lüftung für einen Luftaustausch sorgt.

Stahl und Stil

Neben den verschiedenen Oberflächenausführungen gibt es Hörmann-Innentüren auch in einer Vielzahl von Variationen, die eine Anpassung an den jeweiligen Wohnstil wie auch an die individuellen Wohnverhältnisse ermöglichen. Wird ein Lichteinfall — zum Beispiel von den angrenzenden Räumen zur fensterlosen Diele — gewünscht, bietet sich eine ZK-Innentür mit Verglasungsausschnitt an, der

50 Stahl und Stil: ZK-Extra-Innentür im rustikalen Eichen-Look mit von Echtholz-Profilen eingefaßten Kassetten und Stildrückergarnitur aus Messing.

51 Thema mit Variation: Kassettentür ZK-Extra mit leuchtend orangefarben kunststoffolienbeschichtetem Türblatt und weiß abgesetzten Kassettenrahmen.

52 Kaum als Stahltür zu identifizieren: ZK-Extra Innentür in Eichendekor und stimmungsvoller Verglasung.

klein und nur im oberen Bereich, mittelgroß und in der oberen Türhälfte oder auch besonders groß über die beiden oberen Drittel des Türblattes gehend angeordnet sein kann, wobei die Ausschnitthöhe von 425 über 1000 bis 1360 mm reichen kann und rechts wie links 180 mm Rahmenabstand einzuhalten sind.

Die größeren Ausschnitte lassen nicht nur Licht in den angrenzenden Raum fallen, sondern sorgen auch für eine höhere Sicherheit durch Sichtkontakt, so daß keine Personen durch gerade sich öffnende Türen gefährdet werden können. Dies kann zum Beispiel wichtig sein, wenn man kleine Kinder hat, die möglicherweise in einer Diele oder in einem Flur mit nach außen öffnenden Türen spielen. Der Lichtausschnitt kann vor Ort beliebig verglast werden und bietet so einen weiteren Gestaltungsspielraum zur Anpassung der Tür an den individuellen Geschmack und Wohnstil. Auf Wunsch kann man die Türen auch mit werkseitig eingebautem Drahtornamentglas erhalten.

In dieser Hinsicht besonders attraktiv sind die Hörmann-Innentüren in der Ausführung ZK-Extra mit Kassetten. Sie verbinden die Vorteile der dauerhaften, pflegeleichten und immer perfekt schließenden Tür aus Stahl mit Stil. So gibt es diese Türen mit farbiger Kunststoffolienbeschichtung und aufgesetzten, weiß lackierten Bekleidungsleisten aus massivem Holz oder auch im Holzdekor mit Massivholz-Kassettenleisten, die passend zum Holzdekor gebeizt sind. Passend zum Stil-Look gibt es auch entsprechende Drükkergarnituren aus Messing.

Anstelle der geschlossenen, mit Holzprofilleisten eingefaßten Kassetten kann man die ZK-Extra-Türen auch mit Lichtausschnitten wählen, wobei die Verglasung wie die Kassetten von hölzernen Rahmenprofilen eingefaßt werden. Das Gestaltungsspektrum reicht hier von zwei großen Verglasungs- beziehungsweise Kassettenfeldern mit je 780 mm Höhe, über die Kombination von einem großen oberen

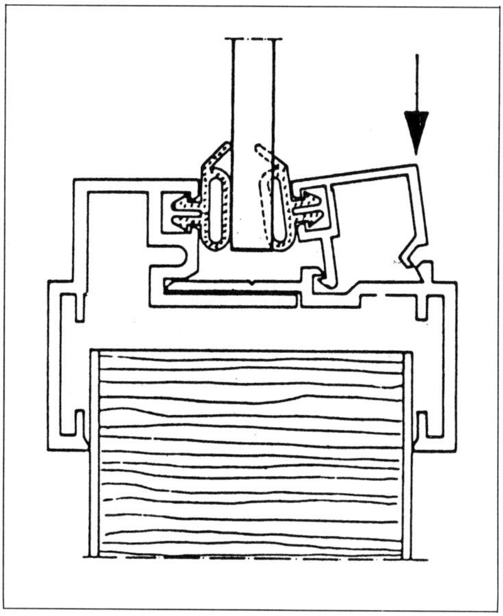

53 Zum Verglasen sind bei Hörmann-Innentüren mit Alu-Verglasungsrahmen die Glasleisten auf der Bandseite zu entfernen. Die mitgelieferten Dichtungsprofile sind für Glasdicken von 4 bis 6 mm ausgelegt. Bei dicken Gläsern Dichtungen mit Seifenlauge anfeuchten. Die Glasleiste wird wie hier gezeigt eingeklipst. Für dünnere oder dickere Gläser Stahlfenster-Kitt verwenden.

Feld von 960 mm Höhe mit einem 600 mm hohen unteren Feld bis zu drei Kassetten- oder Verglasungsfeldern von jeweils 478 mm Höhe oder zwei 600 mm hohen Feldern oben und unten mit einem 235 mm schmalen Feld dazwischen. Dabei beträgt der seitliche und obere Randabstand jeweils 160 mm, während unten 160 mm Sockel verbleiben.

Vielseitige Zargenwahl

Die übliche Zargenausstattung für diese vielseitig einsetzbaren Hörmann-Innentüren ist eine Spezial-Eckzarge aus einem stabilen, feuerverzinkten und zusätzlich grundierten, das heißt ohne weitere Vorarbeiten sofort streichbaren Stahlprofil. Dieses ist zugunsten eines leisen Anschlages wie auch für dichtes Schließen mit einem umlaufenden Dämpfungsprofil ausgestattet. Die Band-Rahmenteile sind an der Zarge angeschweißt, die außerdem beidseitig mit Doppelankern versehen ist, womit eine problemlose Montage mittels Einmauern, Andübeln oder auch Annageln der Anker gewährleistet ist. Da diese Zarge mit ihren angeschweißten Bandteilen nicht rechts/links verwendbar ist, muß beim Kauf oder bei Bestellung ebenso wie

54 Ein reichhaltiges Stahlzargenprogramm mit Eck- und Umfassungszargen zur Befestigung mittels Mauerankern oder Dübelmontage erlaubt jede Problemlösung beim Neubau wie auch bei der Althaus-Renovierung. Sie werden lichtgrau grundiert (RAL 7035) geliefert und lassen sich so am Bau ohne weitere Vorbereitung lackieren.

55 Praktisch, wenn zusätzliche Verankerungspunkte notwendig sein sollten: der durch Einklemmen zu befestigende Ruck-Zuck-Anker (Klemm-Anker), der in zwei Exemplaren zu Hörmann-Zargen mitgeliefert wird.

56 Keine Transportprobleme gibt es bei der praktischen Steckzarge, die als handliches eingeschrumpftes Paket geliefert wird und an Ort und Stelle mit wenigen Handgriffen zu montieren ist.

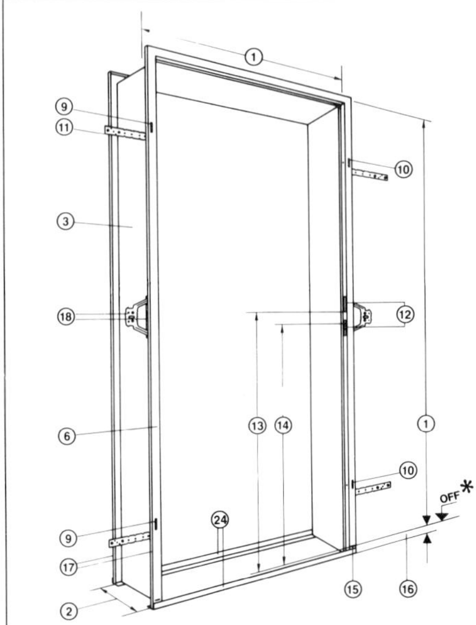

57 *Oberfläche Fertigfußboden (OFF)

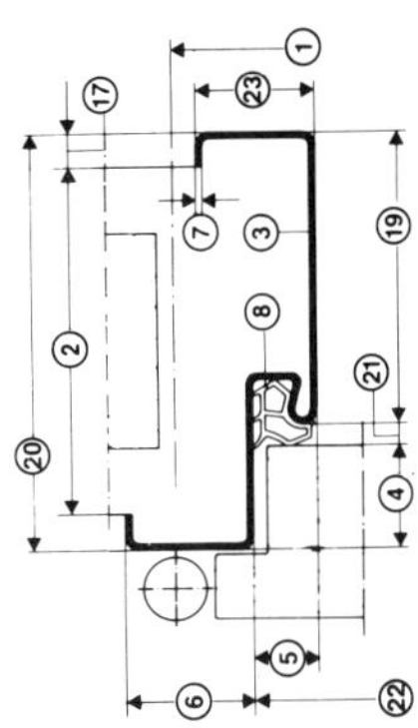

58

57 Leichter fällt die Verständigung, wenn man die Fachbezeichnung kennt. Hier die Fachbezeichnungen für Hörmann-Stahlzargen:

1) Bau-Richtmaß (BR) Breite × Höhe,
2) Maulweite,
3) Zargenprofil,
4) Falztiefe,
5) Falzbreite (15 mm),
6) Bekleidungsbreite oder Spiegelbreite. Sie beträgt bei Hörmann-Stahlzargen auf der Bandseite 30 mm,
7) Blechdicke (nach DIN 59232),
8) Dämpfungsprofil,

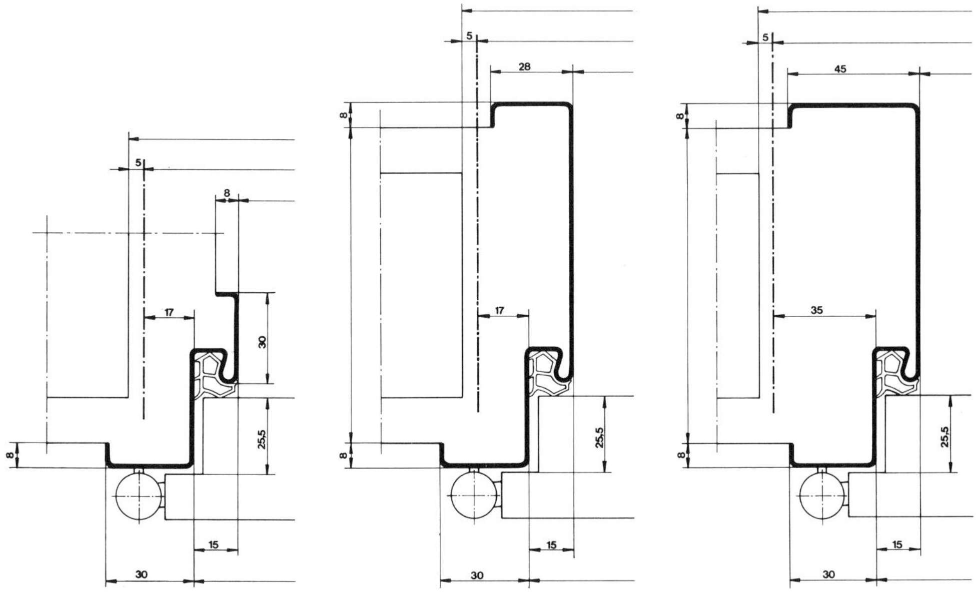

59 Für gefälzte Türblätter gibt es verschiedene Zargen. Hier drei Hörmann-Beispiele. Links die Eckzarge, in der Mitte die Umfassungszarge, die der Türlaibung Schutz bietet, und rechts die Umfassungszarge B 45 mit vergrößerter Bekleidungsbreite.

Fortsetzung Legende 57/58

9) Bandaufnahme für Anschlagsart DIN links (Bandbezugslinie nach DIN 18268),

58 10) Bandaufnahme für Anschlagsart DIN rechts (Bandbezugslinie nach DIN 18268),
11) Maueranker,
12) Stanzung für Falle und Riegel,
13) Drückerhöhe,
14) Meterrißmarkierung (1000 mm über Oberkante Fertigfußboden OFF),
15) Fußbodeneinstandsmarkierung,
16) Fußbodeneinstand,
17) Maulweitenkante,
18) Meterrißanker mit Schutzkasten (nur bei Drückerhöhen von 1050 über OFF),
19) Laibungstiefe,
20) Profilaußenmaß oder Zargentiefe,
21) Dämpfungsprofil, 4,5 mm,
22) Zargenfalzmaß,
23) Bekleidungsbreite auf Bandgegenseite,
24) Transportwinkel zugleich Distanzprofil.

beim Türblatt auf den richtigen Anschlag DIN rechts oder links geachtet werden. Außer in diese Spezial-Eckzarge lassen sich die Türblätter der Baureihe ZK und ZK-Extra aber auch in jede andere Hörmann-Zarge, so zum Beispiel in Stahl-Umfassungszargen, die die gesamte Laibung abdecken und somit gegen Beschädigung schützen, aber auch in jede andere genormte Stahlzarge einhängen.

Holztür und Stahlzarge?

Maßhaltigkeit und Robustheit der Stahlzarge werden von vielen Bauherren und Renovierern geschätzt, die aber vielleicht doch einem Türblatt aus Holz den Vorzug

geben möchten, weil zum Beispiel im Raum Wände oder Decke mit einer Edelholz-Vertäfelung ausgestattet sind und die Tür das gleiche ausgeprägte Maserungsbild zeigen soll.
In solchen Fällen ist es durchaus möglich, Stahlzarge und hölzernes Türblatt zu kombinieren, solange man bei der Türblattwahl auf DIN-Maße achtet. In Verbindung mit einer gestrichenen, zum Beispiel der Wandgestaltung farblich angepaßten Stahlzarge sind sehr reizvolle Gestaltungen möglich, die praktische Aspekte von Stahl und dekorativen Effekt von Holz wirkungsvoll vereinen.

Ideal für Selbermacher: die Steckzarge

Der einfache Einbau moderner Stahlzargen veranlaßt immer mehr Heimwerker zum Selbsteinbau. Vor allem bei Renovierungen alter Häuser wie auch bei der Ausstattung von Ausbauhäusern sind die langlebigen Stahlzargen beliebt. Wer selbst Hand anlegt und kostenbewußt einkauft, wird auch gern den Transport der Zarge übernehmen, was wegen der sperrigen Außenmaße normaler Zargen zumindest, wenn mehrere Zargen transportiert werden sollen, einen Kombi oder Kleintransporter notwendig macht.
Leicht fällt der Transport, wenn man eine Steckzarge wählt, die zu einem handlichen Paket in Folie eingeschrumpft problemlos auf einem Dachgepäckträger des Pkw Platz hat und auch beim Transport durch enge Treppenhäuser keine Probleme bereitet.
Wie schon der Name sagt, wird die Steckzarge am Montageort einfach zusammengesteckt, worauf Seitenteile und oberes Profil zum Beispiel bei den Steckzargen von Hörmann an den Eckpunkten durch Gewindeschrauben verbunden werden. Die beiden mitgelieferten unteren Distanzprofile werden ebenfalls aufgesteckt und finden durch Einschlagen zweier Kunststoffnieten ihren festen Halt.
Die Rechts/Links-Verwendbarkeit ermöglicht den universellen Einsatz. Je nach Anschlagseite werden die mitgelieferten Band-Rahmenteile in die mörteldichten Hinterschweißtaschen gesteckt und mit dem im Zubehörpaket enthaltenen Inbusschlüssel festgeschraubt. Die Öffnungen für Falle und Riegel werden auf der Gegenseite mit der Finne des Hammers oder mit Hammer und einem stabilen Schraubendreher ausgeschlagen. Der Einbau von Steckzargen unterscheidet sich ansonsten nicht vom üblichen Einbau einer konventionellen Stahlzarge, wie er auf Seite 35 beschrieben ist.
Steckbare Stahlzargen von Hörmann gibt es sowohl als Eck- wie auch als Umfassungszarge für gefälzte Türblätter in DIN-Normgrößen von 625, 750, 875 und 1000 mm Breite bei jeweils 2000 mm Höhe (Bau-Richtmaße), wobei die Umfassungszarge mit Maulweiten von 90, 130,

Zargenprofile für gefälzte Türblätter

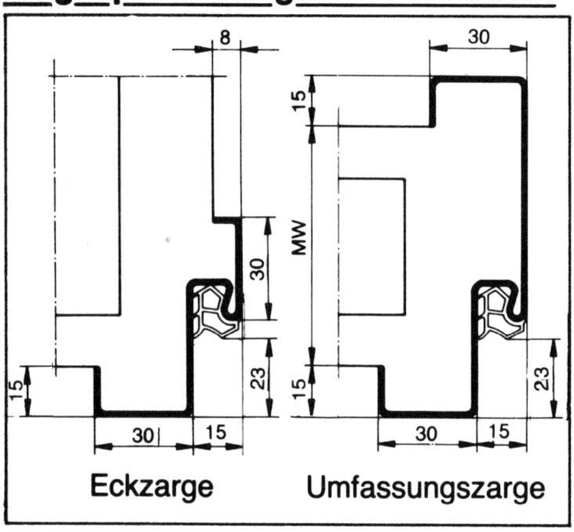

60 Auch die Hörmann-Steckzargen gibt es als Eck- und Umfassungszarge. Hier die beiden Profile und ihre Maße. Die Maulweite MW kann bei der Umfassungszarge wahlweise 90, 130, 145, 205, 270 oder 330 mm betragen.

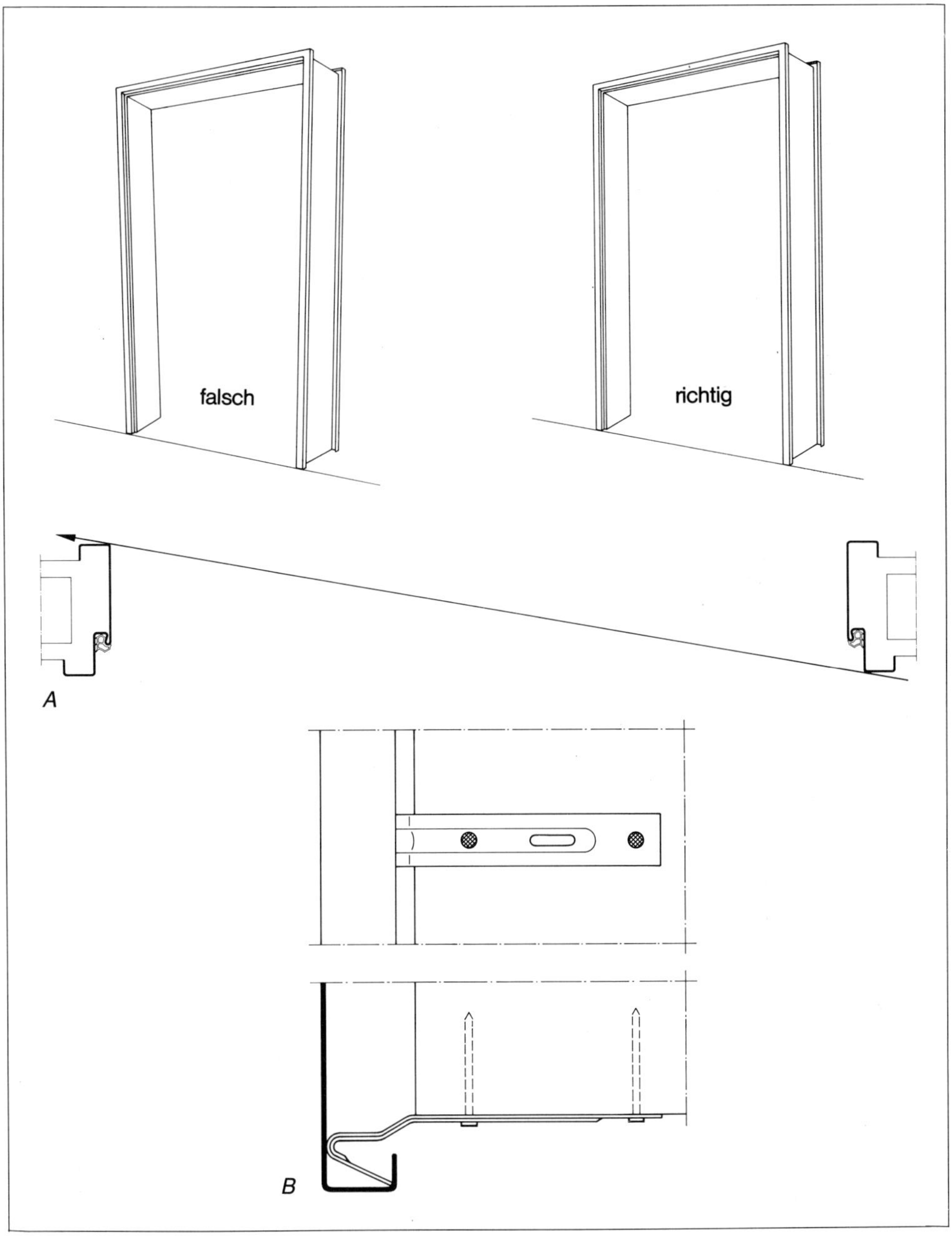

61 Hierauf sollten Sie beim Einbau der steckbaren Hörmann-Stahlzarge achten:
A *Beim Ausrichten peilt man von der Vorderkante des einen Zargenschenkels die rückwärtige Kante des anderen Zargenschenkels an. Sind beide deckungsgleich, sitzt die Zarge richtig.*
B *Zur Befestigung der Umfassungszarge dienen auf der Bandgegenseite Klemmanker. Sie werden wie abgebildet in das Zargenprofil geklemmt und angenagelt.*

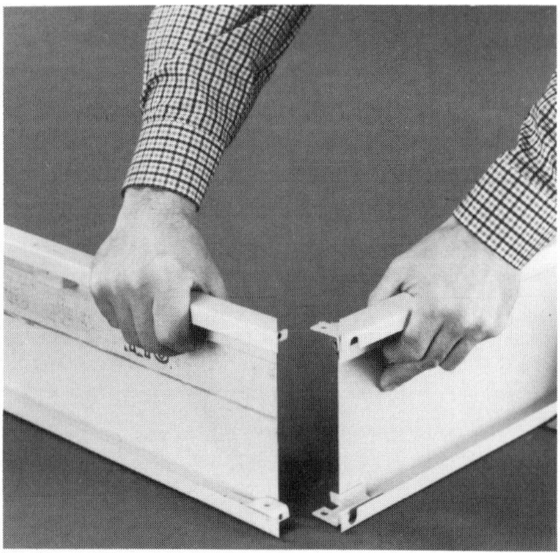

62 So wird die Steckzarge an den Ecken zusammengefügt und ...

63 ... mit Inbus-Schrauben verschraubt.

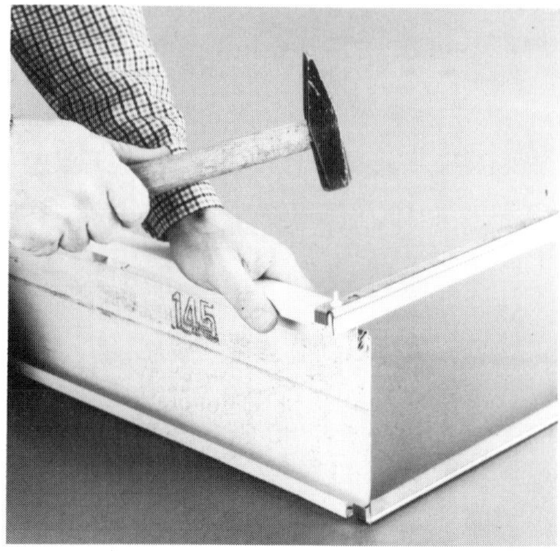

64 Das Bodenprofil wird mit Kunststoffnieten befestigt.

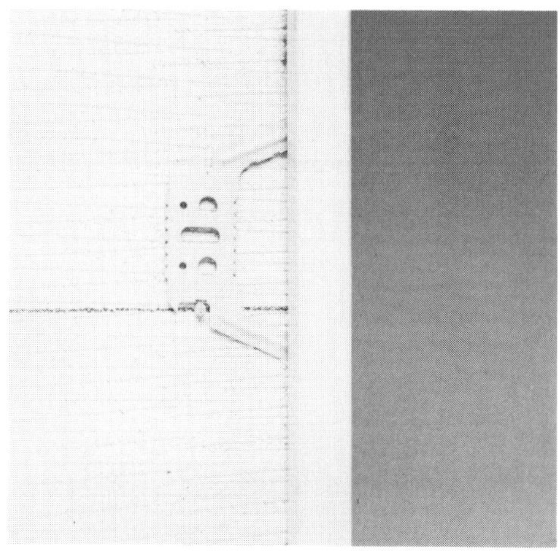

65 Die Meterriß-Markierung sichert den paßgenauen Einbau in der Maueröffnung.

145, 205, 270 und 330 mm zur Wahl steht. In die Zargenprofile ist bereits ein elastisches Hohlkammer-Dämpfungsprofil eingezogen, das zugleich als Dichtung dient. Dank ihrer elektrophoretischen Tauchbeschichtung kann die Hörmann-Steckzarge aus 1,5 mm dickem, feuerverzinktem Bandstahl nach dem Einbau vor Ort schnell und problemlos mit Kunstharzlack gestrichen werden. Vor dem Anstrich empfiehlt sich Abreiben mit einem fettlösenden Reiniger.

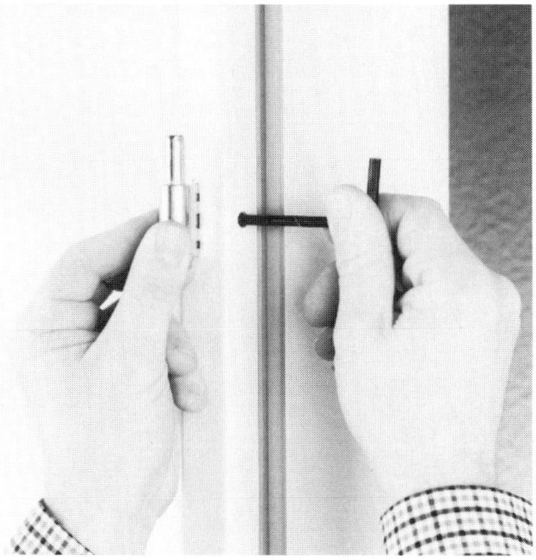

66 Mit einem Sechskant-Stiftschlüssel werden die Bänder in den Montagetaschen befestigt.

67 Die Öffnungen für Falle und Riegel sind beidseitig vorgestanzt und werden je nach Anschlagart mit Hammer und einem kräftigen Schraubendreher herausgeschlagen.

Türeinbau in Leichtbauwände

Der trockene Innenausbau wird aufgrund vielfältiger Vorteile (Schnelligkeit, kein Einbringen von Feuchtigkeit in den Bau, Sauberkeit, Möglichkeit zum Verstecken von Leitungen im Ständerwerk oder hinter Vorsatzschalen) immer häufiger gewählt. Vor allem beim Eigenausbau wird diese heimwerkergerechte Ausbaumethode gern angewandt. Neben der Verkleidung von Rohbaumauerwerk ist der Bau von Trennwänden ein beliebtes Einsatzgebiet für Gipskartonplatten.

Trennwände bestehen je nach Aufgabe aus einem einfachen Ständerwerk aus 6 × 4 cm Rahmenhölzern und 6 × 6 cm Ständern oder auch C-förmigen Metallprofilen mit beidseitiger Beplankung aus Gipskartonplatten. Dabei können sowohl einschichtige Beplankungen als auch Verkleidungen mit doppelter Plattendicke vorgesehen werden. Für letztere gibt es beispielsweise von Rigips sogenannte Duplo-Elemente, die aus zwei miteinander verklebten 9,5 mm dicken Platten bestehen und durch einen geringen Versatz in Längsrichtung einander bei der Montage überlappen.

Werden besondere Ansprüche an den Brandschutz gestellt, kann man auch ein Ständerwerk aus Metallprofilen mit speziellen Feuerschutzplatten verkleiden. Durch das im Gips gebundene Kristallwasser stellen Gipskartonplatten übrigens generell ein hinsichtlich des vorbeugenden Brandschutzes sehr geeignetes Material dar. So gelten 12,5 mm dicke Rigips-Platten laut Prüfbescheid des Instituts für Bautechnik Berlin als nichtbrennbar.

Auch wer seine Zwischenwände im Haus oder im selbst ausgebauten Dachgeschoß als einschaliges oder bei besonderen Ansprüchen hinsichtlich Schallschutz oder Unterbringung großkalibriger Leitungsrohre auch als zweischaliges Ständerwerk (= zwei unabhängige Ständerwerke auf Abstand montiert und jeweils außen beplankt) baut, kann beim Türeinbau Stahlzargen verwenden.

Verwendbar sind sowohl normale Umfassungszargen als auch spezielle Stahlzargen für Ständerwerke, wie sie Hörmann ebenfalls anbietet.

Bei der Wahl einer normalen Umfassungs-

68

70

69

71

68 Problemlos ist der Einbau einer Hörmann-Tür auch in die im Innenausbau immer beliebter werdenden Leichtbauwände. Das folgende Beispiel zeigt den Einbau einer ZK-Extra-Tür mit Umfassungszarge B 45 (Maulweite 100 mm) in eine mit Rigips-Duplo-Platten beplankte Trennwand zu einem Bad. Zuerst wird die tragende Konstruktion der Trennwand aus 6 × 6- und 6 × 4-cm-Kanthölzern aufgebaut.

69 Bevor die Zarge in die Leistenöffnung eingestellt wird, sollte man an allen vier Ecken Reststücke des Beplankungsmaterials auf den Rahmen heften, um so die korrekte Montageposition der Zarge zu sichern.

70 Die Zarge wird zuerst an der Bandseite mit der Wasserwaage ausgerichtet und am Ständerwerk angeschraubt.

71 Bei geschlossenem Türblatt kann dann auch die Zarge auf der Schloßseite am Ständerwerk angeschraubt werden. Anschließend wird die Beplankung, die hier aus 2 cm dicken Duplo-Platten besteht, hinter die Zarge geschoben und angeschraubt. Zur Schall- und Wärmedämmung ist hier das Ständerwerk mit Steinwoll-Matten ausgefacht.

zarge ist die Maulweite der Zarge so zu wählen, daß die Zarge im fertig montierten Zustand auf beiden Seiten auf der Beplankung der Leichtbauwand aufliegt. Hierzu ein Beispiel: Die Wand soll aufgebaut werden aus einem 6 cm tiefen Rahmenwerk aus Holz und beidseitig mit Rigips-Duplo-Platten beplankt werden. Bei einer Dicke von 2 cm der Duplo-Elemente ergibt sich folglich eine Zargen-Maulweite von 2 cm + 6 cm + 2 cm = 10 cm.

Die Montage der Zarge, die auch eine Steckzarge sein kann, erfolgt in folgender Weise: Die Türöffnung wird im Ständerwerk von massiven Rahmenhölzern (6 × 6 cm) gebildet, die so gesetzt werden, daß sich die Zarge bequem in die Öffnung einstellen läßt. Da beim trockenen Ausbau der Estrich meist schon eingebracht ist, muß die Zarge zunächst an der unteren Prägemarkierung, die die Oberkante der Fußbodenoberfläche (OFF) angibt, abgesägt oder mit der Trennscheibe abgeschnitten werden.

Nun kann die Zarge in die Türöffnung eingestellt und in Montageposition ausgerichtet werden. Dies geschieht zunächst auf der Bandseite mit der Wasserwaage. Für den richtigen Abstand des Zargenprofils vom Ständerwerk sorgen einige Abfallstücke der Gipskartonbeplankung. Diese werden auf die senkrechten Ständer aufgeschraubt und dienen als Anschlag für die Zarge.

Wenn die Zarge auf der Bandseite exakt senkrecht ausgerichtet ist und oben wie unten an den aufgeschraubten Beplankungsanschlägen der Ständerhölzer anliegt, wird sie durch die zuvor ausgebogenen Montagelaschen fest am Ständerwerk verschraubt. Anschließend wird das Türblatt eingehängt und die Tür geschlossen. Damit ergibt sich automatisch die Montageposition für die Schloßseite der Zarge. Diese wird jetzt auch hier fest gegen die Distanzbeilagen gedrückt und ebenfalls angeschraubt. Nun kann das Tragwerk der Trennwand zunächst von der einen Seite beplankt, dann mit Mineralfaserplatten ausgefacht und schließlich von der noch offenen Seite ebenfalls beplankt werden. Die entsprechend der Türöffnung zugeschnittenen Gipskartonplatten werden nach Entfernen der Distanzstücke hinter die Zarge geschoben. So ergibt sich ein perfekter, sauberer Anschluß. Zum Schluß wird nur noch die zur Zarge gehörige Dichtung in den Zargenfalz gedrückt, nachdem die Zarge wunschgemäß lackiert wurde und inzwischen der Anstrich genug Zeit zum Trocknen hatte.

Spezialzargen für Ständerwerke

Anstelle der normalen Umfassungszarge kann man auch eine spezielle Stahlzarge für Ständerwerke wählen. Auch sie ist als Umfassungszarge ausgebildet. Anstelle der üblichen Montageanker zum Ausbiegen besitzen diese Spezialzargen sogenannte Hutanker. Dies sind umgekehrte U-Profile, die mit einem aufgesetzten Gegenprofil als Widerlager Gipskartonplatten von 12,5 mm Dicke abstützen, so daß diese vorn am Zargenprofil sauber anliegen. Dabei stehen drei unterschiedliche Zargentypen zur Wahl. Typ A ist zum Einschieben einer 12,5 mm dicken, einschaligen Beplankung ausgelegt, während Typ B eine doppelschalige, also 2 × 12,5 mm dicke Beplankung aufnimmt. Typ C ist ebenfalls für eine doppelschalige Beplankung gedacht, wobei allerdings nur die untere Beplankung hinter das Zargenprofil greift. Die Decklage endet hierbei etwa 2 cm vor der Zarge, wodurch eine dekorative, umlaufende Schattennut entsteht, die das Türbild betont.

Alle drei Zargentypen gibt es in Normgrößen von 625 × 2000, 750 × 2000, 875 × 2000 und 1000 × 2000 mm (Bau-Richtmaße), wobei die Maulweiten bei Typ A für einschalig beplankte Trennwände wahlweise 76, 101 oder 126 mm, bei Typ B 101, 126 und 151 mm sowie bei Typ C 76, 101 oder 126 mm beträgt.

Neben den sechs Hutankern verfügen alle

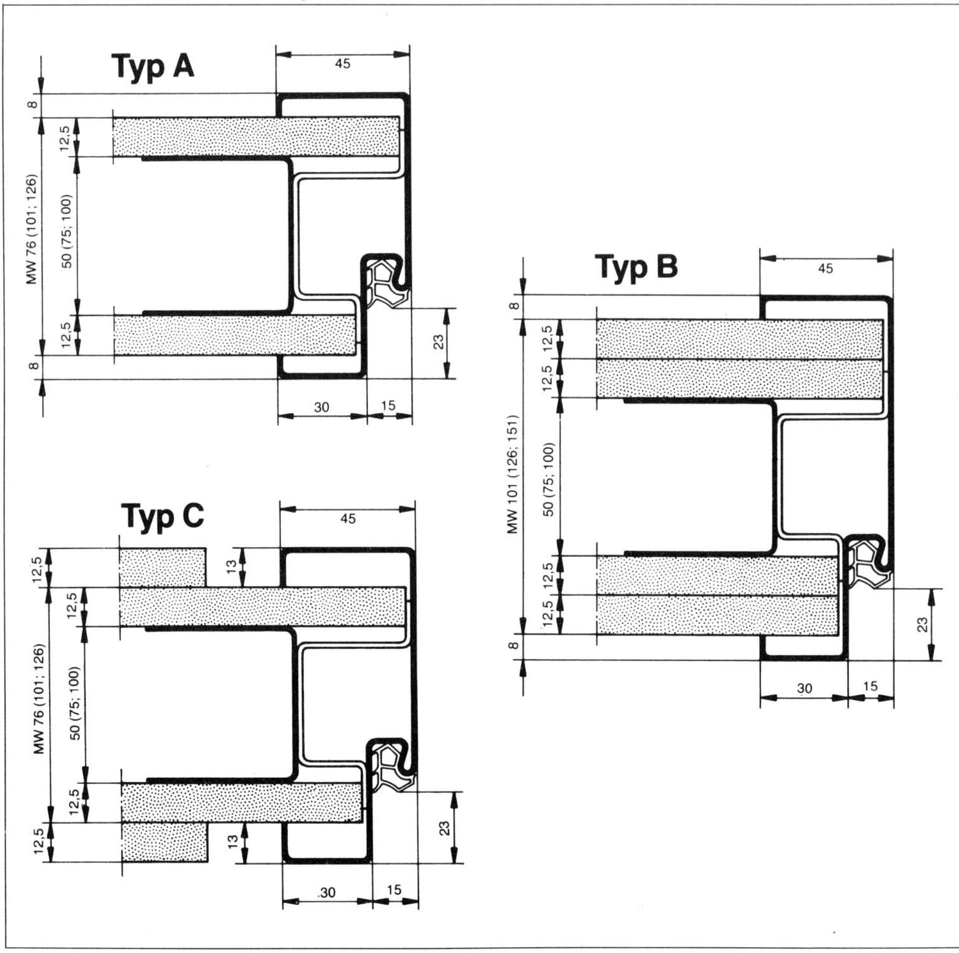

72 Für Trennwände aus Ständerwerken mit Gipskarton-Bekleidung gibt es Spezialzargen, die den Platten zwischen Zargenprofil und einem innenliegenden Hutprofil Halt bieten. Typ A kommt bei einschaliger Beplankung mit 12,5 mm dicken Platten zum Einsatz, Typ B bei doppelschaliger Beplankung und Typ C bei doppelschaliger Beplankung mit Schattenfuge.

drei Zargentypen auch über Befestigungswinkel am Fußboden. Die Zargen sind rechts/links verwendbar und werden mit einer elektrophoretischen Tauchbeschichtung geliefert, die eingebrannt ist und sofortiges Lackieren mit handelsüblichen Kunstharzlacken erlaubt. Auch hier Oberfläche vor dem Anstrich entfetten.

Wenn der Estrich bereits eingebracht sein sollte, was beim Innenausbau in eigener Regie oft vorkommt, müssen diese Zargen ohne Fußbodeneinstand bestellt (verwandt) oder an der Einstandsmarkierung abgeschnitten werden. Für die exakte Höhenjustierung sind diese Zargen mit Meterrißmarkierung versehen.

Türen für Keller und Nebenräume

Auch bei der Wahl der Türausstattung von Kellern und Nebenräumen lohnt es sich, auf Solidität, Stabilität und Sicherheit zu achten. Keller und Nebenräume dienen oft als Lagerräume für die verschiedensten Güter von Akten bis zur Hobbyausrüstung. Türen und Türbekleidung können hier beim häufigen Rein und Raus ganz schön strapaziert werden, weshalb sich hier durchaus eine stabile Stahltür mit stählerner Umfassungszarge anbietet, die einmaliges wie häufiges Anrempeln spurlos übersteht, aber auch Zeitgenossen, die »Mein« und »Dein« professionell oder auch nur angesichts günstiger Gelegenheit zu verwechseln neigen, den nötigen Widerstand bietet oder durch ihre sichtbare Stabilität Dunkelmänner von einem »Bruch« abschreckt.
Sicherheitsaspekte können aber auch in anderer Hinsicht wichtig sein, so zum Beispiel, wenn im Haus oder in Nebengebäuden Feuerquellen zu sichern sind. Dies gilt sowohl für den Abschluß des Heizungskellers gegenüber den übrigen Kellerräumen als auch für einen direkten Zugang von der Garage zum Haus. In beiden Fällen ist der Einbau einer Feuerschutztür notwendig. Feuerschutztüren können zudem auch am Platze sein, wenn man bestimmte Räume im Falle eines Brandes wirksam gegen ein Übergreifen des Brandes schützen will — so zum Beispiel einen Archivraum oder andere Räumlichkeiten, die entsprechende Werte bergen. Ähnliches gilt auch für viele Freiberufler, die im eigenen Haus ihr Büro, ihre Werkstatt, ihr Labor oder sonstige Arbeitsräume unterhalten.
Sinnvoll kann eine Feuerschutztür auch sein, wenn man ein größeres Haus bewohnt, das sich in verschiedene Bereiche gliedert, und sich gegen Übergreifen eines Brandes durch entsprechende Wahl der Wandbaustoffe und Wandkonstruktion wie auch der Türen schützen läßt. Solche Maßnahmen bieten sich zum Beispiel an, wenn ein Haus größere Werte wie Kunstsammlungen beherbergt.
In all diesen Bereichen ist es möglich, mit einer Tür nach Maß, den entsprechenden Anforderungen hinsichtlich Strapazierfähigkeit, Einbruchsicherheit und vorbeugendem Brandschutz gerecht zu werden.

Die Feuerschutztür — Was bedeuten T 30 und T 90?

Der vorbeugende Brandschutz ist hierzulande fester Bestandteil der einschlägigen Bauvorschriften, deren Beachtung nicht nur dem Gesetz genüge tut, sondern im Hinblick auf Leib und Leben, Hab und Gut jedem Bauherrn und Renovierer selbstverständlich sein sollte.
Diese bauaufsichtlichen Bestimmungen, die den vorbeugenden Brandschutz regeln, beziehen sich generell auf die praktischen Verhältnisse von Neubauten, während Althäuser, solange keine baulichen Veränderungen durchgeführt werden, sogenannten Bestandsschutz genießen, der die Bauordnung außer acht läßt. Bei baulichen Veränderungen, gleichgültig ob diese nun genehmigungspflichtig oder genehmigungsfrei sind, sind jedoch die Anforderungen des Baurechts zu erfüllen, so daß es sich durchaus empfiehlt, bei Althaus-Sanierungen die zum Teil von Bundesland zu Bundesland in Details unterschiedlichen Vorschriften einzusehen, wobei ein umfassender Brandschutz, wie

schon gesagt, im selbstverständlichen Interesse des Bauherrn liegen sollte.
Der Brandschutz eines Gebäudes hängt im wesentlichen vom Brandverhalten der verwendeten Baustoffe ab. Für deren brandschutztechnische Beurteilung wie auch von Bauteilen, die aus mehreren Baustoffen zusammengesetzt sein können, gilt die DIN 4102.

Sie klassifiziert Baustoffe nach ihrem Brandverhalten in Baustoffklassen. Danach umfassen die Klassen A1 und A2 nicht brennbare Baustoffe, wobei Materialien der Klasse A2 organische Bestandteile enthalten dürfen. Um jedoch nach A2 klassifiziert zu werden, bedarf es eines Prüfbescheides eines anerkannten Prüfinstituts wie beispielsweise des Instituts für Bautechnik in Berlin. Die Kategorie der brennbaren Baustoffe ist ebenfalls spezifiziert, und zwar in B1 = schwerentflammbare Baustoffe, B2 = normalentflammbare Baustoffe und B3 = leichtentflammbare Baustoffe. Diese Klassifizierung ist im Bereich der Mauerabschlüsse insofern von Bedeutung, als für den Einbau von Fenstern und Türen mit Ein-Komponenten-Schaum neuerdings ein Material gefordert wird, das normal entflammbar ist, also laut Prüfung als B2 klassifiziert ist.

Parallel zu dieser Unterscheidung der Baustoffe nach ihrem Brandverhalten beziehungsweise ihrer Entflammbarkeit gibt es auch eine Einteilung von Bauteilen wie Wänden, Decken, Stützen und Trägern nach ihrem hinhaltenden Widerstand, den diese meist aus mehreren Baustoffen erstellten Elemente dem Feuer entgegensetzen. Je nach der Zeit, die verstreicht, bis ein Feuer unter Testbedingungen das zu prüfende Bauteil durchdringt, werden solche Bauteile in Feuerwiderstandsklassen klassifiziert, die durch ein großes »F« und den Zusatz der Zeitspanne, über die das Bauteil dem Feuer standhält, gekennzeichnet werden. Die Skala reicht von F 30 bis F 180. Ein Bauteil, das als F 30 eingestuft ist, leistet einem Brand folglich 30 Minuten hinhaltenden Widerstand, eines nach F 180 hält sogar volle drei Stunden Stand.
Bei der Klassifizierung spielen auch die bei der Konstruktion verwendeten Baustoffe eine Rolle. So bezeichnet die Klasse F 30-A Bauteile aus nicht brennbaren Baustoffen (Mauerwerk, Beton und Stahl oder auch eine Leichtbauwand aus einem Metallständerwerk mit mindestens 12,5 mm dicker Rigips-Beplankung und Steinwolleinlage zur Dämmung). Die Klasse F 30-B bezeichnet Bauteile, die im wesentlichen aus nicht brennbaren Baustoffen bestehen.
In der Praxis verlangt die Bauordnung zum Beispiel bei Gebäuden mit mehr als zwei Geschossen, eine Abgrenzung des ausgebauten Dachraumes durch feuerhemmende Wände, Decken und Türen gegen den nicht ausgebauten Dachraum. Dabei wird für Wände und Decken mindestens F 30 gefordert.
Damit das Feuer nicht durch die unverzichtbare Tür dringen kann, wird auch eine entsprechende Widerstandsfähigkeit der Türen gefordert.
Auch hier gibt es eine Klassifizierung entsprechend dem zeitlichen Feuerwiderstand, den Feuerschutztüren zu bieten vermögen. Die Kennzeichnung von Feuerschutztüren erfolgt durch ein großes »T« plus Kennzahl, die die Widerstandszeit in Minuten angibt. Türen mit einer wie oben geforderten Mindest-Widerstandsdauer von 30 Minuten werden somit als T 30 klassifiziert und als feuerhemmend bezeichnet. Bei einer Widerstandszeit von 90 Minuten, also einer T-90 Tür, spricht man von einer feuerbeständigen Feuerschutztür. Ein Zusatz »-1« oder »-2« bezeichnet eine ein- beziehungsweise zweiflügelige Tür.

Die tatsächliche Sicherheit wird bei Feuerschutztüren durch entsprechende Zulassungen — zum Beispiel die allgemeine baurechtliche/bauaufsichtliche Zulassung nach Prüfung durch ein entsprechendes Institut (zum Beispiel Institut für Bautechnik Berlin) — nachgewiesen. Daran ist die

Bedingung einer Überwachung der Herstellung beziehungsweise einer laufenden Güteüberwachung gebunden. Dieses ist nach Abschnitt 3 und 4 der allgemeinen Bestimmungen bei der Abnahme auf der Baustelle nachzuweisen. Daß schließlich auch eine fachgerechte Montage hinzukommen muß, um die gewünschte Feuerschutzwirkung sicherzustellen, dürfte selbstverständlich sein.

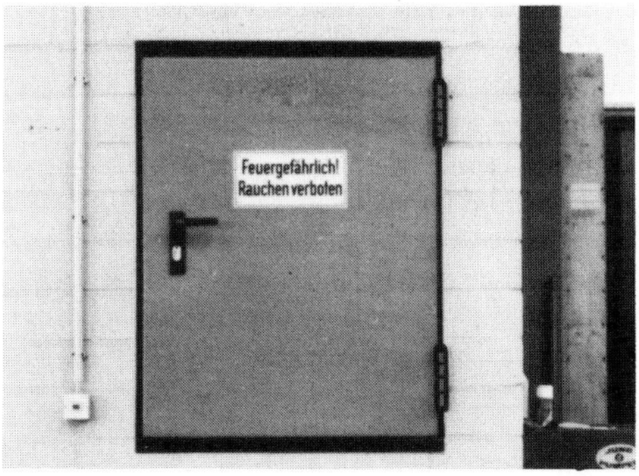

74 Die Feuerschutzklappe dient in der Regel als Abschluß für Heizölkeller, die als öldichte Wanne ausgebildet sind.

Praktisch für Selbermacher: Feuerschutztüren mit Zulassung für Dübelmontage

Feuerschutztüren können sich in höchst unterschiedlichem Gewand präsentieren. Die Skala reicht von der »einfachen« Stahltür, wie man sie beispielsweise bei Heizungskellern einsetzt, über dezent gestaltete Wohnraumtüren mit farbiger oder Holzdekor-Kunststoffolienbeschichtung bis zu Feuerschutztüren aus Aluminium, die auch mit großzügiger Verglasung ver-

73 Der klassische Einsatz einer Feuerschutztür im Privathaus: Abschluß des Heizungskellers. Rechts-links verwendbar (siehe auch Seite 35).

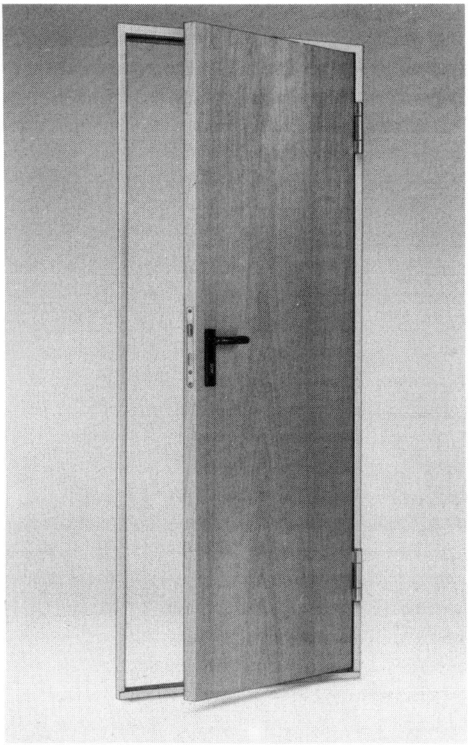

75 Anspruchsvolle Optik und Schutz gegen die Ausbreitung von Feuer vereinigt die Hörmann-Feuerschutztür T 30-1 »HT-1« aus Holz, die mit einer Stahlzarge versehen ist.

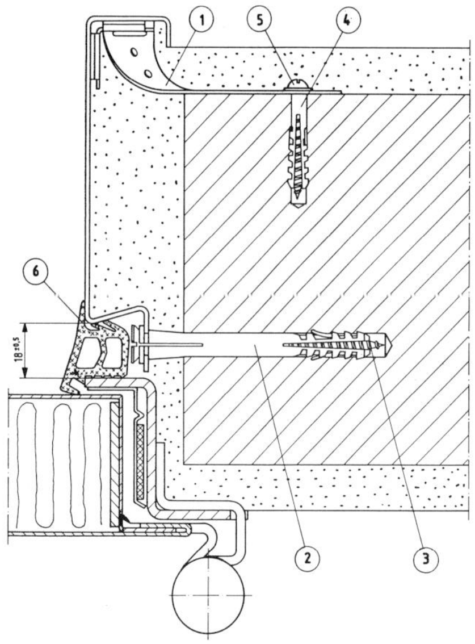

76 Schutz gegen mechanische Beschädigung der verputzten Mauerlaibung bietet zum Beispiel bei Hörmann-Feuerschutztüren H 8 oder H 8 G eine Gegenzarge. Sie wird mit ausgebogenen Dübelankern (1) nach sorgfältiger Montage der Tür in die Laibung eingestellt und ausgerichtet. Dabei einen Abstand von 18 mm zwischen Z-Zarge und Gegenzarge einhalten. Mit einem 10-mm-Bohrer Dübellöcher durch die Zargenbohrung hindurch einbringen und Spezialdübel (2) bis zum Einklipsen der Zargenbohrungen eindrücken. Gegenzarge bündig mit Z-Zarge ausrichten und mit Senkschrauben 7 × 85 verankern. Auf der dem Türblatt abgewendeten Seite Zarge mittels Anker (1), Fischer S 6-Dübel und Halbrundkopfschraube 4 × 35 (5) befestigen. Dichtung (6) zuschneiden und eindrücken. Zarge mit Mörtel ausgießen.

sehen werden können. Als Beispiel bietet sich wie bereits erwähnt die Wohnungsabschlußtür zum Treppenhaus hin an, kann aber auch dazu dienen, als Innentür im Haus für einen speziellen Brandschutz gewisser Räume oder auch abgegrenzter Bereiche zu sorgen.
All diese Möglichkeiten einschließlich feuerhemmender Wohnraumtüren mit Lichtausschnitt, der mit ballwurfsicherem Contraflam-Brandschutzglas verglast ist, lassen sich mit dem breitgefächerten Angebot führender Hersteller wie Hörmann verwirklichen. Als besonderer Vorteil erweist sich hierbei die Zulassung der Montage von Hörmann-Feuerschutztüren mittels Dübeln, die besonders den Bedürfnissen des Heimwerkers entgegenkommt. Die Montage erfolgt wie bereits auf Seite 35 beschrieben, wobei auf ein sauberes und dichtes Einputzen der Zarge zu achten ist.

Oft ist Rauch gefährlicher als Feuer

Die starke Rauchentwicklung, die von vielen modernen Ausstattungsmaterialien wie Polsterschäumen, Teppichböden und Kunststoffen ausgehen kann, hat sich in der jüngsten Vergangenheit immer wieder als nicht zu unterschätzende zusätzliche Gefahrenquelle erwiesen. Häufig haben Rauchgase zu schweren Gesundheitsschäden oder gar zum Tode von Menschen geführt, Rettungsmaßnahmen und Flucht aus vom Feuer bedrohten Bereichen gefährdet oder gar unmöglich gemacht. Rauchentwicklung und Ausbreitung im Haus sind oft auch die Ursache für erhebliche Sachschäden.
Aus diesem Sachverhalt läßt sich die logische Konsequenz ziehen, einen Feuerschutzabschluß nach Möglichkeit zugleich als Rauchschutzbarriere auszubilden. Dies ist häufig ohne großen zusätzlichen Aufwand möglich. So läßt sich die dekorative einflügelige Feuerschutztür WT von Hörmann bei Montage mit Umfassungszarge in Verbindung mit einer vierseitig umlaufenden Dichtung zusätzlich rauchdicht nach DIN 18 095 gestalten. Um dies zu ermöglichen, bedarf es allerdings des unteren Anschlagwinkels an der Zarge,

der somit beim Einbau nicht entfernt werden darf. Im Falle eines nachträglichen Einbaus muß der Fußboden entsprechend ausgestemmt werden, um Platz zur Aufnahme des Winkelprofils zu schaffen.

Notwendiges und empfehlenswertes Zubehör für Feuerschutztüren

Selbstverständlich erfüllen Feuerschutztüren ihre Funktion nur, wenn sie im Brandfall geschlossen sind. Um dies jederzeit sicherzustellen, müssen Feuerschutztüren stets selbstschließend sein. Dies wird entweder wie bei Heizungskellertüren und Klappen, die zum Beispiel Zugang zu Aufzugsschächten bieten, durch einen Federbandbeschlag oder bei häufig benutzten Feuerschutztüren durch einen Türschließer erreicht.
Bei der Ausstattung mit Federband muß man die Tür gegen die Schließkraft des Federbandes mit entsprechendem Kraftaufwand öffnen. Beim Loslassen fällt das Türblatt von selbst und praktisch ungedämpft zu.
Dagegen erlaubt der Türschließer ein leichteres Öffnen ohne Kraftaufwand und läßt die Tür langsam und gedämpft schließen, wobei auch nur ein geringes Schließgeräusch zu bemerken ist.

Montage eines Türschließers

Der Türschließer wird in der Regel mit vier Senkkopfschrauben M5 × 45 auf der am Türblatt angeschraubten Montageplatte befestigt, worauf das Schließergestänge mit dem Scharnierteil an der Zarge anzuschrauben ist.
Der Türhebel wird dann mit der Verzahnung so auf den Schließer aufgesetzt, daß er mit dem Schließergehäuse einen Winkel von 90 ° bildet. Als nächstes ist die Befestigungsschraube (M6 × 30) fest anzuziehen.

Wichtig für eine richtige Funktion des Türschließers ist eine korrekte Einstellung von Schließkraft, Endanschlag, Schließgeschwindigkeit und Öffnungsdämpfung.
Die Schließkraft ist abzustimmen auf die jeweilige Größe der Tür. Und zwar erfordert die Zulassung bei Türen bis 875 mm Breite eine Mindestschließergröße 3 und ab 1000 mm Breite mindestens Schließergröße 4.
Bei Hörmann ist der zur Feuerschutztür gehörende Schließer werkseitig auf Größe 4 eingestellt, läßt sich aber je nach Erfordernissen leicht auf Größe 3 oder Größe 5 umstellen. Hierzu dient eine mit einem Sechskantstiftschlüssel verstellbare Stellschraube. Bei etwa 50 Umdrehungen im Uhrzeigersinn nimmt die Schließkraft von Größe 4 auf Größe 5 zu, umgekehrt sinkt die Schließkraft von Größe 4 auf Größe 3, wenn man den Stiftschlüssel etwa fünfzigmal entgegen dem Uhrzeigersinn dreht. Die Schließkraft wird außerdem auf einer Skala angezeigt.

Die Justierung des Endanschlages ist wichtig, um sicherzustellen, daß eine Tür mit Fallenschloß tatsächlich beim Schließvorgang einrastet. Hierzu dient das Spannschloß am Schließarm. Durch Zusammendrehen dieses Spannschlosses verkleinert sich der Endanschlag, Auseinanderdrehen vergrößert ihn.
Die Schließgeschwindigkeit der Tür sollte bei einem Öffnungswinkel von 90 ° etwa sieben Sekunden betragen. Diese Zeit erlaubt ein ungehindertes Passieren der Tür und vermeidet, daß die Tür einer Person beim Durchgang in den Rücken fällt. Zur Regulierung der Schließgeschwindigkeit dient das Regulierventil des Türschließers. Öffnen des Ventils läßt die Tür schneller schließen, Zudrehen sorgt für einen verlangsamten Schließvorgang.
Durch die Öffnungsdämpfung, die bei einem Öffnungswinkel von 70 bis 90° anspricht, wird beim Öffnen der Tür vor Erreichen der Endstellung ein Widerstand spürbar, der verhindert, daß das Türblatt beim Öffnen zuviel Schwung erhält. Bei

Bedarf läßt sich die Dämpfung durch Zudrehen des entsprechenden Regulierventils einschalten. Dies ist zum Beispiel ratsam, wenn die Tür gegen eine Wand öffnet.
Feuerschutztüren können auch mit Feststelleinrichtungen ausgestattet werden, so daß die offenen Türen einen freien Durchgang bieten. Allerdings müssen die Feststelleinrichtungen so beschaffen sein, daß sie das Türblatt im Brandfall automatisch freigeben. Den dazu notwendigen Impuls liefert ein Rauchmelder oder Temperaturfühler, der auf elektrischem Wege die Arretierung aufhebt, so daß das Schließmittel die Feuerschutztür bestimmungsgemäß ins Schloß fallen läßt.

Variable Beschlagausstattung, Buntbart- oder Profilzylinderschloß, Drücker oder Stangengriff

Die Schloßausstattung einer Feuerschutztür richtet sich nach den jeweiligen Sicherheitserfordernissen. Während für die Feuerschutztür des Heizungskellers ein Buntbartschloß vollkommen ausreicht, wird man einen mit einer Feuerschutztür vor übergreifendem Feuer geschützten Archivraum oder ein Labor bestimmt mit einem Profilzylinderschloß absichern, um unbefugten Zutritt zu verhindern.
Es kann auch sein, daß man zu verschiedenen Zeiten unterschiedliche Ansprüche an die Sicherheit des Schlosses stellt. Während in der Bauphase eines Hauses möglicherweise das unempfindliche Buntbartschloß von Vorteil ist, kann es sein, daß man gern nach Bezug des Hauses ein sicherers Profilzylinderschloß hätte.
All diese Möglichkeiten berücksichtigt ein Profilzylinderwechselschloß, mit dem beispielsweise die Hörmann-Feuerschutztüren ausgestattet sind. Ohne Umtausch des Schlosses kann dieses Schloß entweder mit einem Profilzylinder oder einem mitgelieferten Buntbarteinsatz versehen werden. Auch ein späterer Wechsel von Buntbart auf Profilzylinder ist jederzeit möglich. Universell verwendbar ist auch die zugehörige Drückergarnitur, deren Schild durch Einklipsen eines Kunstoffeinsatzes von der Profilzylinderlochung auf die übliche Lochung für Buntbartschlüssel umgestellt werden kann.

77 Ein weiteres Paradebeispiel für den Einsatz von Feuerschutztüren: die Abtrennung eines gewerblich genutzten Bereiches von Büro- oder Wohnräumen.

Schnellentriegelung nicht nur für Notfälle

Für öffentliche Bauwerke gibt es spezielle Beschläge, die im Falle einer Panik, zum Beispiel im Zusammenhang mit der Entstehung eines Brandes, ein schnelles Öffnen der Fluchttüren ermöglichen. Im Privathaus wird man solch einen Panikbeschlag kaum benötigen, sofern man das Haus nicht zum Teil gewerblich nutzt und beispielsweise Laborräume oder andere risikobehaftete Bereiche im Haus unterhält, die mit Feuerschutztüren abgesichert sind und zugleich im Falle der Gefahr Fluchtmöglichkeiten ins Freie bieten müssen. Der sogenannte Panikbeschlag ist eine besondere Schloßausführung, bei der von der Innenseite auch eine abgeschlossene Tür durch bloßes Niederdrükken der Klinke geöffnet werden kann, während die Außenseite bei abgeschlossener Tür nur ein Öffnen mit dem Schlüssel zuläßt.

Im privaten Bereich kann ein solcher Panikbeschlag auch eine ganz andere Problemlösung bieten — zum Beispiel beim heimischen Fotolabor (siehe auch Seite 81 zum Thema »Lichtdichte Tür«). Um zu verhindern, daß jemand die Tür von außen öffnet, kann man hier zum Beispiel ein Schloß mit Panikbeschlag einbauen. Die Tür wird von innen abgeschlossen und ist so von außen nicht zu öffnen, während man bei Bedarf die Tür von innen jederzeit durch einfaches Niederdrücken der Klinke auch im Dunkeln öffnen kann, wenn sich einmal die Notwendigkeit hierzu ergibt. Eventuell könnte ein solcher Beschlag auch für einen größeren Partykeller mit zweitem Ausgang nützlich sein, um so jederzeit einen Fluchtweg zu ermöglichen, sofern hier nicht ein Wechselanschlag reicht.

Die Montage eines Panikbeschlages ist nicht schwierig. Zunächst wird wie üblich der Profilzylinder in das Schloß einge-

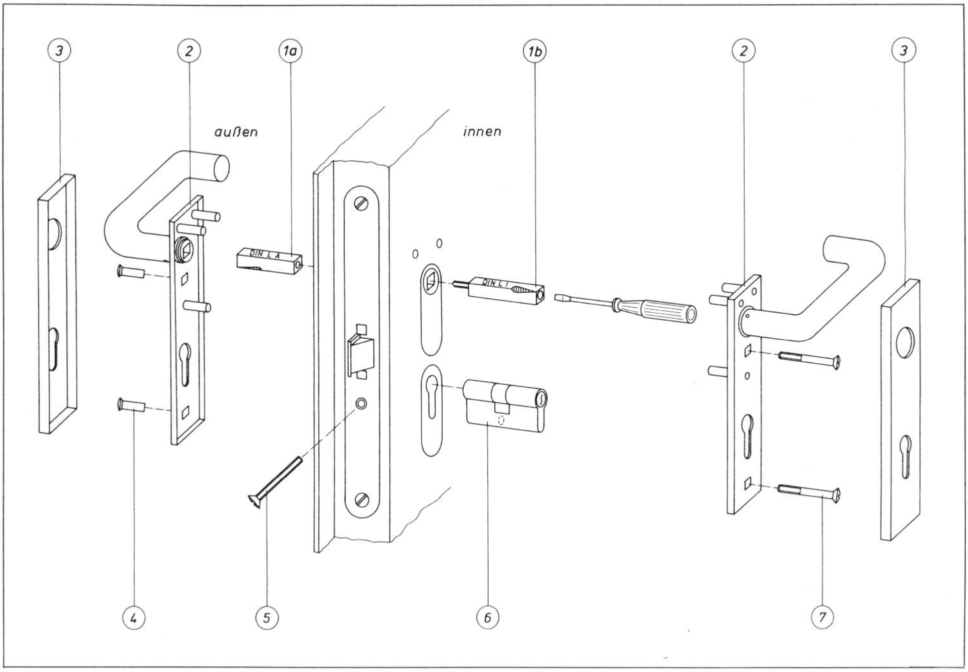

78 Aufbau und Montage eines Panikbeschlages: Zuerst wird der Profilzylinder (6) ins Schloß eingesetzt und nach Funktionsprüfung mit der Schraube (5) festgesetzt. Zur Montage der Drückerstiftteile (1a und 1b) beide Teile durch Lösen der Schaftschraube mittels Schraubendreher trennen. Danach beide Drückerstiftteile in Schloßnuß einstecken und zusammenschrauben. Kennzeichnung muß von oben lesbar sein. Anschließend Bohrschablone mit Drückerstift und Profilzylinder fixieren und auf beiden Türblattseiten 7-mm-Bohrungen einbringen. Türschilder (2) mit drehbar gelagerten Drückern mit Hülsenschrauben (7) und Hülsenmuttern (4) festschrauben. Drücker ausrichten und mit Sechskantschlüssel am Drückerstift befestigen. Zum Schluß Abdeckschilder (3) aufklipsen.

setzt, auf Funktion geprüft und von der Stirnseite des Schlosses her mit der zugehörigen Senkkopfschraube befestigt.
Eine Besonderheit des Panikbeschlages ist der geteilte Drückerstift. Beide Teile werden durch eine Schaftschraube verbunden. Zur Montage müssen beide Stiftteile mit einem dünnen Schraubendreher (3 mm Klingenbreite) zunächst voneinander getrennt werden. Sie werden dann in die ebenfalls geteilte Schloßnut eingesetzt und miteinander verschraubt. Hierbei muß die Kennzeichnung auf der Oberseite der Stiftteile lesbar sein. Bei einer nach DIN rechts angeschlagenen Tür muß die Markierung DIN R A auf der Außenseite und die Markierung DIN R I innen liegen. Bei links angeschlagener Tür muß außen auf dem Drückerstiftteil DIN L A und innen DIN L I zu lesen sein.
Anschließend wird mittels der beigepackten Bohrschablone, die durch Drückerstift und Profilzylinder in der richtigen Position fixiert wird und mit Klebeband gegen Verrutschen gesichert werden kann, das Türblatt von beiden Seiten mit zwei Bohrungen, 7 mm ∅, versehen. Beim Anbohren ist eine Elektronikbohrmaschine nützlich. Ansonsten sollte man die Bohrzentren leicht ankörnen, um ein Verlaufen des Bohrloches zu vermeiden.

79 Einen sicheren Fluchtweg öffnet die Feuerschutztür mit Panikbeschlag in Form eines Stangengriffes, der auf bloßen Druck in Richtung auf das Türblatt die Verriegelung löst und so auch im Dunkeln problemlos zu betätigen ist.

Nun können die beiden Türschilder mit ihren drehbar gelagerten Drückern mittels zwei Hülsenschrauben am Türblatt befestigt werden. Dabei wird die Hülsenmutter von der Türaußenseite aufgeschraubt.
Zum Schluß werden die Drücker horizontal ausgerichtet und mittels Madenschrauben und Sechskantstiftschlüssel auf den Drückerstiften arretiert, worauf die Kunststoffschilder beiseitig aufgeklipst werden.
Neben dem normalen Panikbeschlag mit Drücker gibt es auch einen Stangengriff, der praktisch über die gesamte Türbreite läuft und so gelagert ist, daß er auf Druck in Richtung Türblatt das Schloß entriegelt. So wird praktisch auch im Falle einer Panik bei völliger Dunkelheit sichergestellt, daß sich eine Fluchttür zuverlässig öffnen läßt. Im privaten Bereich wird sich hierfür selten eine Notwendigkeit ergeben, doch soll diese Möglichkeit der Vollständigkeit halber nicht unerwähnt bleiben.
Der Stangengriff auf der Innenseite kann sowohl mit einem Knopfschild als auch mit einem Drücker auf der Außenseite kombiniert werden. Je nach Anforderungen muß die Tür hierbei mit einem Panikschloß oder auch mit einem Profilzylinderschloß ausgestattet sein.
Zur Montage des Stangengriffs muß das Türblatt mit entsprechenden Befestigungsbohrungen versehen werden.
Den Stangengriff gibt es sowohl aluminiumfarbig wie auch im Bronzeton eloxiert als auch in RAL-Tönen lackbeschichtet. Wer beim Türkauf den Stangengriff gleich mitbestellt, spart die Kosten für die in diesem Falle überzähligen Teile der Drückergarnitur.

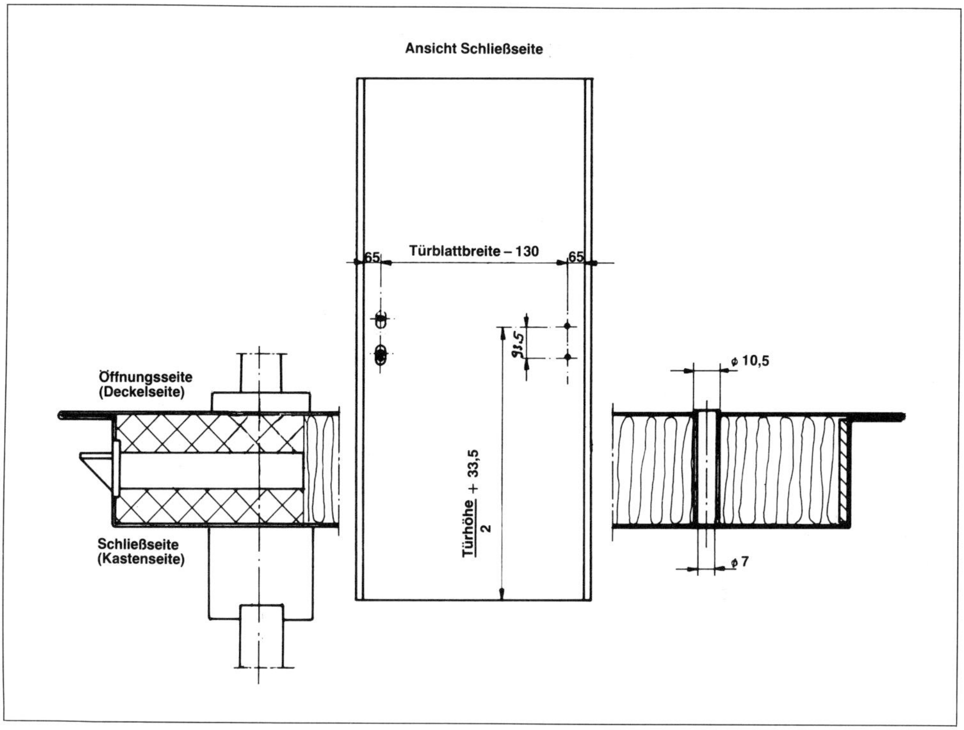

80 Zur Montage eines Stangengriffes in Kombination mit einem Knopfschild auf der Gegenseite muß das Türblatt der Hörmann-Feuerschutztüren H8-1 und H8 G-1 wie hier gezeigt mit Bohrungen versehen werden. Die 7-mm-Durchgangsbohrungen zur Befestigung des Gegenlagers sind auf der Öffnungsseite (Deckelseite) auf 10,5 mm zu erweitern.

Feuerschutztüren für Leichtbauwände und ihr fachgerechter Einbau

Im Zusammenhang mit der Klassifizierung von Baustoffen nach ihrem Brandverhalten und von Feuerschutztüren nach ihrer Widerstandsfähigkeit gegenüber Feuereinwirkung war bereits von der Forderung die Rede, daß bei Gebäuden mit mehr als zwei Geschossen eine Abgrenzung des ausgebauten Dachraumes gegenüber dem nicht ausgebauten Bodenraum gefordert wird und hier auch entsprechende Feuerschutztüren erforderlich sind.

Für diesen speziellen Fall gibt es auch entsprechende Feuerschutztüren, wie beispielsweise die Hörmann-Feuerschutztür T 30-1 ›WT-TR‹. Der Einbau dieser Tür ist nur zulässig in Montagewände aus Gipskartonplatten der Feuerwiderstandsklasse F 90-A (vgl. Seite 65) nach DIN 4109. Die entsprechende Montagewand muß hierbei aus einem Ständerwerk aus verzinkten Stahlblechprofilen bestehen, die beidseitig mit jeweils zwei Lagen Gipskartonplatten F, das heißt glasfaserarmiert, nach DIN 18180 beplankt sind. Dabei darf der Ständerabstand der Wand höchstens 625 mm betragen. Dieses Maß ist auch über der Tür einzuhalten, so daß hier in

81

82

81 Auch beim trockenen Ausbau ist ein wirkungsvoller Feuerschutz möglich – so zum Beispiel mit einer zweischalig beplankten Trennwand aus Metall-Profilen, in die eine Hörmann-Feuerschutztür WT-TR eingebaut ist. Hier ein typisches Einbaubeispiel mit Ständerwerk und Türelement.

82 Und so sieht der fertige Feuerschutzabschluß aus. Im Anschnitt erkennt man die zweilagige Beplankung mit Rigips-Feuerschutzplatten.

der Regel zusätzliche Streben einzubauen sind.
Der Einbau der Feuerschutztür T 30-1 ›WT-TR‹ erfolgt am besten vor Errichtung der Wandkonstruktion an Teleskopständern, die auf die Wandhöhe und Wanddicke abzustimmen sind. Dabei gelten folgende Richtmaße:

Wandhöhe (mm)	**Wanddicke (mm)**	**Zargenmaulweite (mm)**	**Teleskopständermaße (mm)**
bis 3250	100	102	40 × 50 × 40 × 2
bis 4250	125	127	40 × 75 × 40 × 2
bis 5000	150	152	40 × 100 × 40 × 2

Bei der Montage müssen die Ständer mit den zugehörigen Befestigungswinkeln am Rohbeton von Boden und Decke verankert werden. Hierzu sind Dübel mit einer entsprechenden bauaufsichtlichen Zulassung zu verwenden.
Am besten wird zuerst der bandseitige Teleskopständer in Montageposition gebracht, lotrecht ausgerichtet und mit Boden und Decke verdübelt. Als nächstes wird das Zargenprofil auf der Wandseite voll mit unbrennbarer Mineralfaser, zum Beispiel Rockwool, ausgefüllt und anschließend mit drei Sechskantkopfschrauben M 8 × 16 DIN 933 im Bereich der Hutanker am Teleskopständer angeschraubt. Dabei unbedingt Unterlegscheibe und Federring verwenden.
Hierauf kann dann der zweite Teleskopständer in gleicher Weise mit der Zarge verschraubt werden, wobei in diesem Falle die Schrauben nur locker angezogen werden, so daß zwar Zarge und Ständer aneinander anliegen, sich der Ständer aber noch in der Höhe verschieben läßt. Der Teleskopständer muß nun ebenfalls in Montageposition ausgerichtet und sorgfältig an Fußboden und Decke verankert werden. Nach Einhängen des Türblattes sind die Luftspalte (oben sowie seitlich 4 ± 1 mm und unten 10 ± 1 mm) zu überprüfen. Wenn diese stimmen und auch die Anlage der Dichtung bei geschlossenem Türblatt kontrolliert wurde, müssen alle Befestigungsschrauben fest angezogen werden. Ein eventuell nötiges Nachrichten des Türblattes erfolgt durch Verändern des Bandsitzes, das sowohl in der Höhe als auch in der Dichtungsebene möglich ist. Hierzu sind die Befestigungsschrauben der Bandtasche zu lösen und nach Korrektur des Türblattsitzes wieder festzuziehen.

Wenn die Tür funktionsgerecht eingebaut ist, erfolgt der Aufbau der Wand, die zum Schluß beidseitig beplankt wird. Dabei ist zu beachten, daß die Zarge beim Anbringen der Gipskartonplatten weder verbogen noch verdreht wird. Außerdem ist zu beachten, daß das Zargenoberteil nicht belastet werden darf. Oberhalb der Tür muß folglich das Ständerwerk eigenstabil und die Beplankung fest mit diesem verschraubt sein.

Während die Türbänder bereits im Lieferzustand mit dem Türblatt verschraubt sind, müssen die Zargenbänder vor Ort an der Zarge angebracht werden. Sie werden nach Lösen der Befestigungsschrauben der Bandtaschen (mit 5-mm-Sechskantstiftschlüssel) und eventuell notwendigem Beiseitedrücken der Klemmplatte mit einem Schraubendreher durch den Schlitz in der Bandtasche eingesetzt. Beim Festschrauben ist darauf zu achten, daß das Band gemessen vom oberen Zargenfalz bis zur Unterkante der oberen Bandrolle einen Abstand von 180 mm aufweist. Dieses Maß ist ebenso wie das Richtmaß für die Montage des unteren Bandes am Zargenspiegel eingeprägt. Beim unteren Band müssen Kerbe und Unterkante der oberen Bandrolle ebenfalls auf gleiche Höhe gebracht werden. Der Drehpunkt des Zargenbandes soll etwa 15 mm vor dem Zargenspiegel liegen.

Sofern Übersteckhülsen verwendet werden, sind diese vor Einhängen des Türblattes auf die Bandrollen zu stecken. Anschließend Druckkugellager beim Einhängen zwischen unterem Rahmenband und Türband einsetzen und Bandbolzen fetten. Zum Schluß Schraubkappen festdrehen. Fertig!

Andere Nebentüren

Außer im Eingangsbereich wie auch im Treppenhaus und innerhalb von Wohn- und Geschäftsräumen gibt es vielfältige Abschlüsse, die spezielle Aufgaben erfüllen müssen. Das reichhaltige Angebot ermöglicht auch hier eine Lösung nach Maß.

83 Ein wirkungsvolles Mittel gegen Platzangst und Karambolagen im Öffnungsbereich der Tür ist die Hörmann-Mehrzwecktür MZ mit Lichtausschnitt.

Innentüren im Keller

Der Keller hat seine Rolle in der letzten Zeit entscheidend gewandelt. Aus dem finstren Gemäuer von einst, das lediglich als Lager für Kohlen, Kartoffeln, Eingemachtes und Wein wie auch als Abstellplatz für allerlei zur Zeit nicht genutztes Mobiliar diente, sind heute meist helle und freundliche Nebenräume geworden, die für Freizeit-Aktivitäten von der Kellerbar bis zum Fitneßraum und von der Heimwerkstatt bis zum Hifi- oder Musikstudio genutzt werden. Als Vorratskeller wird meist nur noch ein kleinerer Kellerraum gebraucht, falls man sich nicht gar mit einem Standplatz für eine Tiefkühltruhe oder einen Gefrierschrank und ein paar Weinregalen bescheidet.
Diese Entwicklung hat auch Folgen für die Türauswahl. Wer seinen Keller so nutzt, wünscht sich meist auch eine entsprechendere Gestaltung der Räume unterm Haus. Immer mehr Keller zeigen zumindest gestrichenes Sichtmauerwerk oder sind gar verputzt, und auch bei der Türentype ist man anspruchsvoller geworden und strebt auch hier eine wohnlichere Note an.
So beschränkt sich der Einsatz gestrichener Stahl-Innentüren mit vollflächig geschlossenem Türblatt heute meist auf die reinen Funktionsräume wie Heizungs- und Gerätekeller. Doch findet man zugleich immer öfter auch im Keller rundum wohnlich gestaltete Innentüren mit kunststofffolienbeschichtetem Blatt in feingenarbten Uni-Farben oder auch im Holzdekor, wie sie beispielsweise die Hörmann-Modelle ZK-Extra-Color und ZK-Extra-Holzdekor repräsentieren.

Häufig wird auch in Kellerräumen das Thema »Türen mit Lichtausschnitt« aktuell, wenn es beispielsweise um die Ausstattung von Hobbyräumen und ähnlich genutzte Bereiche geht. Oft ist hierbei der Wunsch ausschlaggebend, in einem fensterlosen Keller wenigstens eine Sichtverbindung mit der Außenwelt zu schaffen. Selbst wenn man auch hier nur ein Stück Keller sieht, kann dies das Aufkommen von Platzangst verhindern. Eine Stahl-Innentür mit Verglasungsausschnitt kann auch von Vorteil sein, wenn man in den oft relativ engen Kellergängen Kollisionsrisiken mit sich öffnenden Türen vorbeugen will. Auch hier sind Türen der Hörmann-Baureihen ZK und ZK-Extra eine praktikable Lösung, zumal sie eine attraktive Optik mit der im Kellerbereich wünschenswerten Robustheit vereinigen. In Kombination mit einer Umfassungszarge schützen sie auch die Türlaibung im oft verputzten und gestrichenen, nicht selten sogar tapezierten Hobby- und Freizeitkeller. Dort, wo ein besonderer Schutz der Laibung nicht notwendig erscheint, tut es auch die preisgünstigere Eckzarge, die es zum Beispiel von Hörmann in einer Spezial-Ausführung entsprechend der erst im Entwurf vorliegenden DIN 18111 gibt. Sie ist feuerverzinkt und zusätzlich lackierfreundlich grundiert sowie mit einem umlaufenden Dämpfungsprofil versehen, das für leisen Anschlag und die Vermeidung von Zugluft sorgt. Diese Zarge kann sowohl mittels Mauerankern als auch durch Andübeln eingebaut werden. Da diese Spezial-Eckzarge nicht rechts/links verwendbar ist, muß die Anschlagsart demzufolge bei Bestellung angegeben werden. Diese wird nach DIN von der Öffnungsseite der Tür gesehen entweder als DIN rechts (nach rechts öffnend beziehungsweise Bänder rechts) oder DIN links bezeichnet.

Türen zu Feuchträumen

In vielen Häusern gibt es heute Sauna- und Fitneßraum, wo naturgemäß mit hoher Luftfeuchtigkeit oder auch Spritzwasser zu rechnen ist. Beide Faktoren sind auch bei der Wahl des Türabschlusses zu berücksichtigen. Hier bietet sich eine Aluminiumtür als maßgeschneiderte Lösung an. Aluminium widersteht den üblichen Feuchtigkeitseinflüssen problemlos, ist dank seiner porenfreien, glatten Oberflä-

che leicht zu reinigen und hygienisch und läßt auch keine Probleme beim Öffnen und Schließen erwarten, wie sie möglicherweise Holztüren durch Dimensionsänderungen infolge Feuchtigkeitsaufnahme befürchten lassen. Außerdem schließen Aluminiumtüren dicht, so daß nicht nur Zugluft vermieden wird, sondern die feuchte Dusch- und Saunaluft auch auf den Bereich des Fitneßraumes beschränkt bleibt.
Diese Forderungen lassen sich zum Beispiel mit Aluminium-Mehrzwecktüren MZA von Hörmann rundum erfüllen. Ihre Blend- und Flügelrahmen bestehen aus stranggepreßten Alu-Profilen mit 2,5 mm Wandstärke und einer Bautiefe von 45 mm. Eine vierseitig umlaufende, doppelte Abdichtung aus APTK sorgt für einen dichten Abschluß zwischen Blend- und Flügelrahmen wie auch im Schwellenbereich, wo eine bogenförmige Auflaufschwelle als Dichtanschlag dient. Sie ist 5 mm hoch und mit einem abnehmbaren Bodeneinstandsprofil verbunden.
Je nach den örtlichen Gegebenheiten kann man eine solche Aluminium-Mehrzwecktür voll- oder auch teilverglast wie auch mit wärmegedämmter Füllung aus 25 mm dicker Dämmeinlage und beidseitiger Abdeckung aus kunststoffolienbeschichtetem Stahlblech wählen.
Dank ihrer Korrosionsbeständigkeit eignen sich solche Türen auch zum Einsatz als Außentüren zum Beispiel als Verbindungstür zwischen heimischem Fitneß-Center mit Sauna und dem Swimmingpool im Garten oder Innenhof.

Andere Einsatzmöglichkeiten sind Feuchträume, wie beispielsweise der Waschmaschinenraum im Keller, der häufig nicht nur zum Haus mit einer Tür abgeschlossen ist, sondern auch einen Zugang zum Garten hat. In beiden Fällen ist eine Aluminium-Mehrzwecktür eine problemgerechte Lösung.
Um einem Einbruchrisiko vorzubeugen, sollte man eventuell zwischen Wohngeschoß und Keller eine entsprechend solide Zwischentür vorsehen, damit ein Eindringling nicht durch den Keller in den Wohnbereich gelangen kann, falls man es nicht vorzieht, als Nebenausgang zum Schwimmbecken oder zur Trockenwiese eine einbruchhemmende Aluminiumhaustür zu wählen.

Die sichere Tür zum Speicher mindert Einbruchrisiken

Wie erfinderisch ungebetene Gäste, die nach Beute in oft nur kurzzeitig verwaisten Häusern suchen, sind, zeigt die Kriminal-Statistik. Mancher vorausschauende Hausbesitzer, der Haustür, Nebentüren, Fenster und Balkontüren entsprechend abgesichert hatte, mußte überrascht feststellen, daß die Vorbeugemaßnahmen letztendlich doch nicht gereicht hatten, weil die Einbrecher einfach von der Rückseite des Hauses oder einem Nebenhaus aus aufs Dach gelangten, einige Dachpfannen abhoben und über den Speicher ins Haus eingedrungen sind.
Dieser Einstiegsmöglichkeit wird meist wenig Beachtung geschenkt, und so sind die Türen, die Speicher und Wohnhaus trennen, oft mühelos zu knacken. Ein einfaches Buntbartschloß ist mittels Dietrich leicht zu öffnen, und nur selten ist die Tür so stabil ausgelegt, daß sie einem Angriff mit dem Brecheisen länger standhält.
Wer sich wegen entsprechend zu schützender Werte im Haus rundum absichern will, sollte deshalb auch als Speichertür eine solide Stahltür mit Stahlzarge verwenden, ein Profilzylinderschloß vorsehen und die Bänder auf der zum Treppenhaus weisenden Seite anordnen, damit sich ein Einbrecher nicht durch Demontage der Bänder von der Dachbodenseite her Einlaß verschaffen kann. Vorteilhaft ist auch ein Beschlag, der, von der Treppenhausseite verschraubt, einen Angriff auf das Schloß abwehrt oder zumindest erschwert.

Spezialtüren und ihre Aufgabe

Sperren Sie den Schall einfach aus!

Lärm wird vielfach als Geißel unseres technischen Zeitalters bezeichnet. Wenn auch die Technik mit Motoren- und Fluglärm und vielen anderen geräuschvollen Schallquellen häufig für die Störung unseres Wohlbefindens verantwortlich gemacht werden kann, so kann sie aber auch dazu beitragen, störende Geräusche fernzuhalten.

Dies geschieht zum Beispiel bei Haustüren der modernen Bauweise ESW 2.1 sowohl durch schalldämmende Einlagen als auch durch ein raffiniertes Dichtungssystem, das wie ein Labyrinth ausgebildet den Schallwellen buchstäblich den Weg verstellt.

Dichtes Schließen und eine entsprechende Füllung des Türblattes sorgen auch bei Innentüren für eine entsprechende Barriere gegen den Schall.

Wie wirkungsvoll die Schalldämmung einer Tür ist, besagt das Schalldämmaß R_W, das den Dämmeffekt in Dezibel (dB) angibt. Da die Dezibel-Skala logarithmisch aufgebaut ist, bedeutet eine Absenkung des Schallpegels um 10 dB bereits eine Halbierung des Schalldruckes. Die Schalldämmung des betriebsbereiten Türelementes wird im Labor nach einer speziellen Methode ermittelt, wobei allerdings zu berücksichtigen ist, daß die ermittelten Werte durch bauliche Gegebenheiten beeinflußt, das heißt, in der Regel verschlechtert werden können.

Wer Schalldämmwerte vergleichen will, sollte auch hier nicht nur die angegebenen Werte registrieren, sondern auch beachten, daß diese durch ein entsprechendes Prüfzeugnis mit Prüfnummer und Angabe des Prüfinstituts belegt sind.

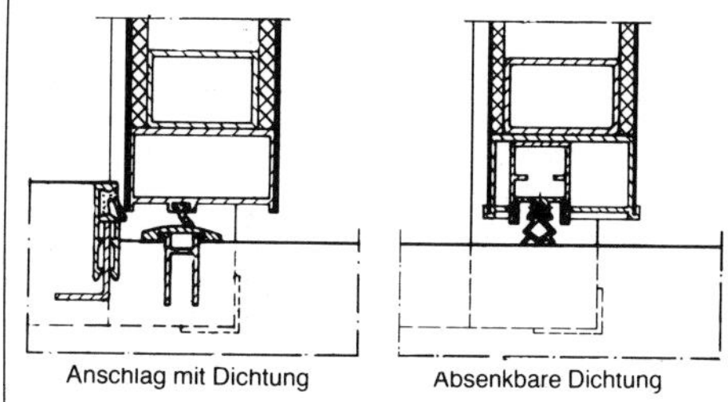

84 Je nach Ausführung der unteren Abdichtung ergibt sich eine unterschiedliche Schalldämmung. Am wirkungsvollsten ist der Anschlag mit Dichtung mit einem Schalldämmmaß von 44 dB. Die absenkbare Bodendichtung bringt es nur auf 37 dB. Diese Differenz ist erheblicher als es der bloße Zahlenvergleich erscheinen läßt, da die dB-Skala logarithmisch aufgebaut ist.

Geprüft wird beim einbaufertigen Türelement die Luftschalldämmung nach DIN 52210-75. Der Zusatz (A) hinter der Maßeinheit dB bezeichnet dabei ein bestimmtes Frequenzprofil, das sich nach den Besonderheiten des menschlichen Gehörs orientiert. Man spricht in diesem Zusammenhang auch von einem bewerteten Schalldämmaß.

Mit einer soliden Tür läßt sich hinsichtlich des Schallschutzes Beachtliches erreichen. So bringt es die Stahl-Mehrzwecktür MZ, von der bereits mehrfach die Rede war, ohne Verglasung auf ein Schalldämmaß von R_W = 35 dB (A) und mit Isolierverglasung auf R_W = 32 dB (A). Noch höhere Werte erbringt die Exklusiv-Feuer-

85 Lärm ist eine Alltagsplage und sollte nicht auch noch die Freizeit vergällen. Ideal für Probenkeller und Kellerbar ist deshalb eine Schallschutztür.

schutztür T30-1 ›WT‹ mit einem Schalldämmwert von R_W = 44 dB (A). Bei diesen Werten ist jeweils eine Montage mit unterem Anschlag vorausgesetzt.

Einen entsprechend hohen Schalldämmwert, der den Anforderungen der Schallschutzklasse 4 entspricht, weisen auch die Hörmann-Schallschutztüren auf, die in der Standardausführung mit unterem Anschlag ein Schallschutzmaß von R_W = 44 dB (A) erreichen und mit einer alternativ möglichen absenkbaren Bodendichtung auf eine Schalldämmung von 37 dB (A) kommen. Ihre Montage erfolgt mit Umfassungszarge, die wahlweise mit Mauer- oder mit Dübelankern eingebaut werden kann. Die Montage erfolgt generell wie auf den Seiten 35 bis 40 beschrieben, wobei lediglich auf die unterschiedliche Abdichtung am Boden mittels Anschlag oder absenkbarer Dichtung zu achten ist (siehe Skizze Seite 79).

In ihrem Erscheinungsbild passen sich die Schallschutztüren der Optik der Innentüren und Feuerschutztüren an, so daß eine rundum einheitliche Gestaltung auch dort möglich ist, wo spezielle Forderungen wie Feuer- oder Schallschutz zu erfüllen sind.

Im Privathaus kann eine Schallschutztür vielerlei Einsatzmöglichkeiten finden, so zum Beispiel bei einem Hifi- oder Film-Studio im Keller, wo das dicke Kellermauerwerk zusätzlichen Schallschutz gegen Eindringen von Fremdgeräuschen von außen wie auch gegen eine Lärmbelästigung durch die Arbeit im Studio bietet, bei einem Probenraum für Musikfans, bei der Einrichtung einer Heimwerkstatt und vielleicht auch einer Kellerbar, wenn man verhindern will, daß die Wogen der guten Laune die übrigen Hausbewohner stören. Wie sagte schon Wilhelm Busch so treffend: »Musik wird oft nicht schön empfunden, weil stets sie mit Geräusch verbunden!« Eine Schallschutztür kann hier für Abhilfe sorgen oder zumindest die Störung so gering wie möglich halten, wenn Wände, Fußboden und Decke entsprechend dämmend wirken und man bei der Plazierung der Schallquellen keine einschneidenden Fehler macht.

Schall ist nämlich ein sehr komplexes Ding und pflanzt sich nicht nur durch die Luft als Luftschall fort. Auch feste Körper wie Mauerwerk können Schallwellen sehr gut leiten, weshalb man neben dem Luftschall von Körperschall spricht. Er entsteht zum Beispiel, wenn man Schwingungsquellen – zum Beispiel einen Motor – ungefedert auf Profileisen montiert, die in die Wand einzementiert oder mit stählernen Bolzen mit der Wand verbunden sind. In einem solchen Fall werden die Schwingungen auf den festen Baustoff übertragen und verbreiten sich durch ihn im ganzen Haus, woran dann auch eine Schallschutztür nichts ändern kann. Einen ähnlichen Effekt haben ungedämmte Wasser- und Abflußleitungen.

Eine dritte Form des Schalls ist der Trittschall, der über den Fußboden übertragen wird. Um Trittschall, eine Sonderform des Körperschalls, zu vermeiden, arbeitet man

im Bau mit sogenannten schwimmenden Estrichen. Dabei ist der begangene Estrich durch eine dicke Dämmschicht druckfester Steinwolle oder ähnlicher Materialien gegen die tragende Decke isoliert. Auch die Wandanschlüsse sind mittels Dämmstreifen schalltechnisch isoliert, so daß auch kein Trittschall vom Fußboden auf die Wände übertragen werden kann. Oft werden diese aufwendigen Bemühungen unwissentlich zunichte gemacht, wenn man beispielsweise einen Türstopper mit einer langen Dübelschraube im Deckenbeton befestigt und so eine Schallbrücke schafft. Aus dem gleichen Grund darf auch eine zur Schalldämmung abgehängte Decke nicht ringsum an den Wänden anliegen. Ringsum muß eine Fuge bleiben, die auf der Oberseite der Deckenverkleidung mit einer dicken Dämmstoffauflage, die an den Wänden anliegt, abgeschlossen wird.
Diese Dinge sollte man unbedingt beachten, wenn man sich um einen wirkungsvollen Schallschutz bemüht, bei dem der Einbau einer Schallschutztür nur ein Teil der gesamten Problemlösung sein kann.

Wenn kein Licht hereinkommen soll –, eine lichtdichte Tür fürs Fotolabor

Fotoamateure greifen oft zu höchst ingeniösen Kunstgriffen, um zu verhindern, daß durch Türspalte doch noch unliebsames Fremdlicht in die Dunkelkammer gelangt. In der Regel wird hinter der Tür ein dicker Vorhang aus schwarzem Stoff angebracht. Einfacher ist die Abwehr von Außenlicht, wenn man gleich eine lichtdichte Tür einbaut. Dabei bedarf es keineswegs einer teuren Spezialanfertigung, denn dimensionsstabile Metalltüren wie die bereits erwähnte Hörmann-Aluminium-Mehrzwecktür MZA erfüllen diese Bedingung perfekt. Ihre umlaufende, vierseitige Dichtung aus alterungsbeständigem APTK läßt keinen Lichtstrahl herein. Mit

86 Auch für die Heimwerkstatt ist die Schallschutztür ein praxisgerechter Abschluß. Mit Anschlagdichtung, die zwar eine kleine Stolperschwelle bildet, ist sie am wirkungsvollsten.

einem Panikbeschlag oder einer Wechselgarnitur (siehe Seite 70 ff.) ausgestattet, stellt sie zudem sicher, daß beim Entwikkeln von außen niemand hereinkommen kann, wenn die Tür abgeschlossen ist. Trotzdem genügt von innen ein Niederdrücken der Klinke, um ohne Betätigung eines Schlüssels den Raum jederzeit verlassen zu können.

Sicherung von Fluchtwegen durch Rauchschutztüren

Eine weitere interessante Türspezialität ist die Rauchschutztür, die eigentlich im privaten Haus kaum anzutreffen ist. Ihre eigentliche Aufgabe liegt in Gebäuden mit Publikumsverkehr, wo es gilt, im Brandfalle einen Fluchtweg abzusichern, der frei von Rauch und den oft noch gefährlicheren, weil unsichtbaren giftigen Dämpfen ist, die zuweilen bei Bränden freigesetzt werden können.

86a Gelungene architektonische Abstimmung von Garagentor und Nebentür (s. Seite 130).

Es gibt sowohl Türen, die Feuer- und Rauchschutz zugleich bieten, wie die dekorative einflügelige Feuerschutztür WT von Hörmann mit Umfassungszarge und vierseitig umlaufender Dichtung als auch spezielle Rauchschutztüren, die einzig und allein die Aufgabe haben, sicherzustellen, daß Treppenhaus und Flure im Brandfall frei von Rauch und Gasen bleiben, damit sich die Menschen geschützt ins Freie retten können.

Im Privathaus, in dem zum Beispiel zugleich eine Werkstatt oder sonstiger Gewerbebetrieb untergebracht ist, von dem vielleicht ein erhöhtes Feuerrisiko ausgehen könnte, lohnt sich der Einbau von Feuerschutztüren, die zugleich als wirkungsvolle Rauchschutztüren wirken.

Dagegen dürfte die reine Rauchschutztür eher öffentlichen Bauwerken vorbehalten bleiben. Sie läßt sich mit großzügig verglasten Wandelementen, die ebenfalls rauchdicht sind, kombinieren, um so von einem großen Raum einen sicheren Fluchtweg abzuschotten. Diese technisch elegante Lösung wird allerdings nur in sehr seltenen Ausnahmefällen im privaten Wohnhaus Anwendung finden.

Fenster vom Keller bis zum Dach

87 Fenster sind die Augen des Hauses. Sie lassen nicht nur Licht, Luft und Sonne herein, sondern prägen auch das Gesicht des Bauwerkes.

Fenstermaterialien und ihre Eigenschaften – Holz – Kunststoff – Aluminium

Bei der Wahl der Fenster konkurrieren drei Werkstoffe miteinander: Holz – Kunststoff – Aluminium.
Die Wahl des Werkstoffes ist sowohl eine Frage des Baustils des Hauses und des persönlichen Geschmacks des Bauherrn als auch, zumindest auf den ersten Blick – eine Kostenfrage.
Wer sich eindeutig für Qualität entscheidet, wird rasch feststellen, daß die Preisunterschiede keineswegs so groß sind, wie man generell annimmt.

Ein gutes Holzfenster, aus abgelagertem und dauerbeständigem Holz, das bei entsprechendem Erhaltungsaufwand (Anstrich) durchaus eine Lebensdauer von 20 Jahren und mehr erreicht, liegt auch preislich dem Aluminiumfenster nahe. Berücksichtigt man den Erhaltungsaufwand im Laufe der Jahre, so kann ein Holzfenster gegenüber einem praktisch wartungsfreien Aluminiumfenster durchaus teurer sein. Bei abgelagertem Holz und insbesondere bei dimensionsstabilen tropischen Hölzern wie Teak ist auch gewährleistet, daß das mit hochwertiger Lasur oder offenporigen Lacken entsprechender Qualität behandelte Fenster auch auf Dauer zuverlässig schließt.

Kunststoffenster bestehen aus hochschlagzähem PVC und haben sich mittlerweile über Jahrzehnte bewährt. Das Material ist verrottungsbeständig und zeigt bei Qualitätsfenstern auch keine Alterungserscheinungen. Für die notwendige Stabilität sorgen Mehrkammerprofile, die durch verzinkte und korrosionsgeschützte Stahlprofile verstärkt sind.

Die Hohlkammer-Bauweise sorgt in Verbindung mit dem Rahmenmaterial PVC, das bekanntlich ein relativ schlechter Wärmeleiter ist, für eine gute Wärmedämmung von Blend- und Flügelrahmen, so daß nicht nur die Energiebilanz des Hauses stimmt, sondern auch Schwitzwasserprobleme vermieden werden.
Mit einer normalen Zwei-Scheiben-Isolierverglasung erreichen Qualitäts-Kunststofffenster, wie sie beispielsweise Hörmann anbietet, einen k-Wert von 2,6 W/m^2K, der deutlich unter dem geforderten Wert der seit dem 1. 1. 1984 gültigen verschärften Wärmeschutzverordnung liegt. Diese schreibt für Fenster eine k-Zahl von maximal 3,1 W/m^2K vor. Der gute Wert von 2,6 W/m^2K läßt sich bei Hörmann-Kunststofffenstern übrigens noch verbessern, wenn man anstelle der normalen Zwei-Scheiben-ISO-Verglasung eine Drei-Scheiben-ISO-Verglasung wählt. In extremen Sonnenlagen läßt sich durch den Einsatz von speziellen Sonnenschutzgläsern auch eine zu starke Aufheizung der Räume durch Sonneneinstrahlung vermeiden.
Wärme- und Schallschutz wie auch die Sicherheit gegen Einbruch lassen sich durch die leicht mögliche Kombination von Kunststoffenstern mit Rolladen noch steigern.
Maßgenaue Profilnuten an den Außenseiten der Rahmenprofile erlauben bei Hörmann-Kunststoffenstern nicht nur die Kopplung von Fensterelementen zu großflächigen Elementen, sondern ebenso den Anschluß von Verbreiterungs-, Führungs- und Zusatzprofilen oder eben eines Rolladens.

So werden Fenster und Rolladen zu einer organischen Einheit, die praktisch fugenlos ineinander übergeht.

Bei geschlossenem Rolladen sinkt die k-Zahl des Hörmann-Kunststoffensters von k = 2,6 W/m^2K auf 1,6 W/m^2K. Ähnlich verhält es sich mit dem Schallschutz. Entsprechen die Fenster ohne beziehungsweise mit geöffnetem Rolladen mit einem Schalldämmaß von R_W = 31 dB (A) der Schallschutzklasse 2, so verbessert der geschlossene Rolladen das Schalldämmmaß auf R_W = 35 dB (A), womit die Bedingungen der Schallschutzklasse 3 erfüllt werden. Wieviel das für die Praxis in unserer lärmerfüllten Umwelt be-

deutet, wird klar, wenn wir uns erinnern, daß eine Verbesserung des Schallschutzes um 10 dB (A) einer Halbierung der Schallenergie entspricht, weil ja die Dezibel-Skala logarithmisch aufgebaut ist.
Fenster und Rolladen können als komplettes Element eingebaut werden, was den Einbauaufwand erheblich verringert.
Farblich paßt sich der Rolladenkasten, der aus geschäumtem PVC besteht, perfekt dem Fenstermaterial an. Beim Rolladenpanzer, der Jalousie, besteht die Wahl zwischen Lamellen aus farblich angepaßten, extrudierten PVC-Profilen oder auch ausgeschäumten Aluminiumlamellen.
Da ein Fenster nicht nur ein bautechnisches, sondern in gleichem Maße auch ein architektonisches Bauelement ist, muß es sich hinsichtlich Stil und Farbe dem Bauwerk anpassen. Beides gelingt mit modernen Kunststoffenstern, wie sie beispielsweise Hörmann anbietet, zwanglos.
Die Farbskala reicht vom neutralen Weiß bis zu unterschiedlichen Holzfarben, die in Verbindung mit der Oberflächenstruktur der Kunststoffenster den Eindruck eines Holzfensters vermitteln. Die Wahlmöglichkeiten reichen hier von dunkler Mooreiche über Eiche-Natur bis zum Mahagoni-Dekor. Die breite Farbskala erlaubt eine Abstimmung mit den Türen wie auch mit den übrigen Materialien, die den Charakter des Hauses prägen.
Neben vielfältigen Fensterformen und Öffnungsvarianten bieten Hörmann-Kunststoffenster auch durch ihre verschiedenen Verglasungsmöglichkeiten einen breiten Gestaltungsspielraum. Für die Althaus-Renovierung wie auch für Häuser im Landhausstil bieten sich zum Beispiel Sprossenfenster an, wobei die Sprossen sowohl zwischen den beiden Isolierglasscheiben liegen können als auch echte Sprossen sein können. Auch eine Verglasung mit Butzenscheiben in Isolierglasausführung ist möglich.

Wenn die Fenster mit zur Gliederung der Fassade dienen sollen, kann man sie statt flächenbündig auch flächenversetzt wählen, womit das Erscheinungsbild sich ebenfalls wieder mehr dem üblichen Holzfensterlook nähert.

88 So sieht ein modernes Hörmann-Kunststoff-Fenster im Schnitt aus. Deutlich sichtbar die Vorkammer-Entwässerung, die wirkungsvolle Mitteldichtung und die innere Anschlagdichtung. Die Mehrkammer-Kunststoff-Profile sind durch verzinkte Stahlprofileinlagen verstärkt.

Da Kunststoffenster praktisch keine Feuchtigkeit aufnehmen oder abgeben, erweisen sie sich in der Praxis als sehr dimensionsstabil, was der Dichtigkeit und einem stets leichten Öffnen und Schließen zugute kommt.
Die Dichtigkeit eines solchen Fensters hängt aber nicht nur vom Material, sondern auch von der Konstruktion des Fensters ab.
In dieser Hinsicht vorteilhaft sind beispielsweise Fensterkonstruktionen mit

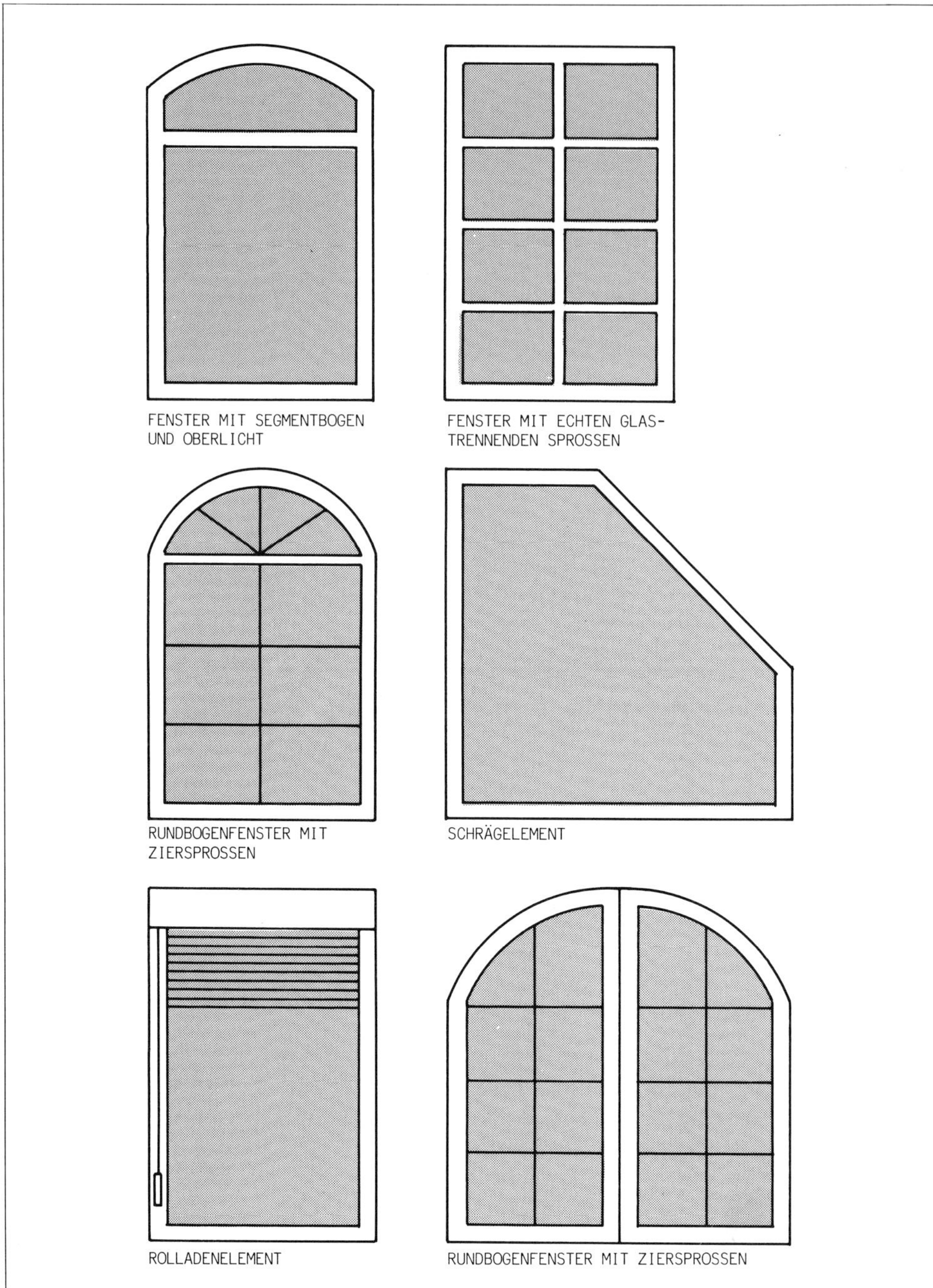

89 Vielfältige Gestaltungsmöglichkeiten für die Althaus-Sanierung wie auch für die Ausstattung von Neubauten bieten Kunststoff-Fenster.

90 Und so ist ein Hörmann-Aluminium-Fenster der Rahmengruppe 2.1 aufgebaut. Deutlich sichtbar die breite Trennung von äußeren und inneren Rahmenprofilen durch PUR-Hartschaum:

1) *PUR-Integral-Hartschaum zur thermischen Trennung von Innen- und Außenprofil,*
2) *Mitteldichtung aus alterungsbeständigem APTK zum Schutz gegen Schlagregen und Zugluft,*
3) *zusätzliche neue APTK-Schallschutzdichtung,*
4) *Trockenverglasung mit APTK-Dichtprofilen,*
5) *gütegeprüfte Isolierverlasung serienmäßig 24 mm mit 16 mm Luftzwischenraum.*

Mitteldichtung und Vorkammer-Entwässerung. Wichtig ist, daß die Dichtung aus einem dauerelastischen und alterungsbeständigen Material wie APTK gefertigt ist. Wie dicht ein Fenster tatsächlich ist, kann der Käufer kaum zuverlässig beurteilen. Eine Orientierungshilfe bieten aber die technischen Normen, die Fenster in drei Beanspruchungsgruppen hinsichtlich Schlagregen bei verschiedenen Windgeschwindigkeiten einstufen. Die höchste Beanspruchungsgruppe C verlangt Schlagregendichtigkeit selbst bei Windstärke 12.

Eine weitere Orientierungsmöglichkeit beim Fensterkauf bieten auch RAL-Zeichen und Güteüberwachung, auf die man achten sollte. Die Profile sollten zudem durchgefärbt sein, was an den Schnittkanten der äußeren Anschlußprofilnuten leicht erkennbar ist. Unterschiede gibt es auch hinsichtlich der Vergilbungsbeständigkeit von Kunststoffenstern. Während sich hochwertige Fenster aus Qualitäts-PVC wie Hostalit Z, dem wohl erfolgreichsten Kunststoffenstermaterial, als besonders farbstabil erweisen, kann es bei Fenstern aus weniger hochwertigem Material durchaus zu Farbveränderungen unter UV-Belastung und auch zu Materialversprödungen kommen. Deshalb lohnt es sich, beim Fensterkauf auch auf das Material zu achten, das bei Qualitätsprodukten in aller Regel ausgewiesen ist. Auch in dieser Hinsicht verbürgt das RAL-Zeichen für Kunststoffenster Qualitätssicherheit.

Durchgefärbtes Material und Farbstabilität machen einen wesentlichen Vorteil der Kunststoffenster aus, die praktisch keinerlei Erhaltungsaufwandes bedürfen. So entfällt der bei Holzfenstern unerläßliche Überholungsanstrich, der in regelmäßigen Abständen von etwa zwei bis maximal drei Jahren je nach Beanspruchung der Fenster üblich ist. Die dichte Oberfläche der Kunststoffprofile bietet Schmutz nur wenig Halt, so daß zur Reinigung von Kunststoffenstern in der Regel klares Wasser genügt, dem man eventuell ein Netzmittel wie Pril zusetzt. Einziger Wartungsaufwand ist ein gelegentliches Ölen der beweglichen Teile der Beschläge.

Ebenso dauerbeständig wie Kunststoffenster sind die vor allem bei repräsentativen Bauten geschätzten Aluminiumfenster, die in der gleichen Formen- und Verglasungsvielfalt erhältlich sind wie Kunststoffenster. Ihre Lebensdauer entspricht durchaus der des gesamten Bauwerkes, so daß man die Frage der Fensterrahmenkonstruktion nach dem Einbau normalerweise vergessen kann.

Obwohl aus Aluminium, einem bekanntermaßen guten Wärmeleiter, hergestellt, erweisen sich moderne Aluminiumfenster hinsichtlich der Wärmedämmung als optimal. Auch das von Alufenstern der ersten und zweiten Generation bekannte Problem der Schwitzwasserbildung ist bei den heutigen Aluminiumfenstern zumal der Rahmengruppe 2.1 kein Thema mehr. Da Außen- und Innenprofil von Blend- und Flügelrahmen durch einen Hartschaumkern mechanisch verbunden und zugleich thermisch getrennt sind, gibt es keine kalten Rahmeninnenteile mehr, an denen Luftfeuchtigkeit kondensieren und als Schwitzwasser ablaufen könnte.

Die neue Wärmeschutzverordnung, die seit dem 1. 1. 1984 in Kraft ist, erlaubt für Fenster einen maximalen k-Wert von 3,1 W/m^2K, der durch moderne Aluminiumfenster der Rahmenmaterialgruppe 2.1 deutlich unterschritten wird.

Bei Hörmann-Aluminiumfenstern wurde beispielsweise der Isolierabstand von Innen- und Außenprofilen bei Blend- und Flügelrahmen von bisher 10 auf 20 mm im Mittel verdoppelt. Durch eine neue Profilgestaltung konnte dabei zugleich die bisherige Gesamtbautiefe der Alufenster von 62 mm beibehalten werden. Die stabilen Strangpreßprofile mit einer Mindestwandstärke von 2 mm sorgen in Verbindung mit dem großzügig dimensionierten PUR-Integral-Hartschaumkern für ein zugleich sehr stabiles und auch optimal wärmegedämmtes Fenster. Letzteres belegen Meßwerte unabhängiger Prüfinstitute, die für Rahmen und Flügel k-Werte von 2,7 bzw. 2,9 W/m^2K ergaben. Für das verglaste Fenster wurde bei einer 24-mm-ISO-Verglasung ein k-Wert von 2,9 W/m^2K ermittelt. Mit einer Sonderverglasung läßt sich dieser Wert sogar noch deutlich auf 1,7 W/m^2K drücken. Dieser hervorragende Wert wird zum Beispiel mit ISO-Glas Climaplus N 1,3 erreicht und liegt rund 45 Prozent unter dem Richtwert der neuen Wärmeschutzverordnung.

Aluminiumfenster moderner Konstruktion wie diese brillieren auch mit sehr guten Schalldämmwerten. Dies ist heute oft von großer Bedeutung, da selbst Wohnlagen oft unter einem hohen Geräuschpegel leiden und die gewünschte Wohnqualität in der Nähe von Hauptverkehrsstraßen oder gar Flughäfen nur erreichbar ist, wenn es gelingt, den Lärm buchstäblich auszusperren. Mit modernen Aluminiumfenstern, wie sie beispielsweise die Hörmann-Fenster der Rahmengruppe 2.1 darstellen, wird dank einer zusätzlichen APTK-Dichtung im Flügel und der Trennung von Innen- und Außenprofil durch schwingungsdämpfenden Polyurethan-Hartschaum mit einer normalen Zwei-Scheiben-Isolierverglasung von 24 mm Gesamtdicke bei 16 mm Luftzwischenraum ein Schalldämmaß von R_W = 34 dB (A) erreicht. Dies entspricht der Schallschutzklasse 2. Mit entsprechender Schallschutzverglasung lassen sich sogar 43 db (A) erreichen, was der Schallschutzklasse 4 entspricht.

Dank der hohen Eigenstabilität der Aluminiumprofile erlauben Alufenster relativ schmale Rahmen, was sich besonders bei verhältnismäßig kleinen Fenstern als vorteilhaft erweist. Ansonsten gelten Aluminiumfenster als eine technisch perfekte Dauerlösung, die keinerlei Wünsche offenläßt und sich durch weitestgehende Wartungsfreiheit auszeichnet. Wichtig ist, daß man eloxierte Profile beim Einbau unmittelbar von Mörtelspuren reinigt, um Fleckbildungen auszuschließen, die später nicht mehr zu entfernen sind. Außerdem sind bei allen Reinigungsbemühungen selbstverständlich Reinigungsmittel mit scheuernden oder schleifenden Bestandteilen zu vermeiden, damit die korrosionsschützende Eloxalschicht keinen Schaden leidet.

Farblich erlauben Aluminiumfenster ebenfalls eine praktisch uneingeschränkte Anpassung an den Gebäudestil beziehungsweise an andere Abschlußelemente wie Eingangstüren, Garagentore und so weiter. Namhafte Hersteller wie Hörmann bieten ihre Aluminiumfenster aus diesem Grund in vielfältigen Oberflächenausführungen an, zum Beispiel eloxiert im Naturton feingeschliffen (was der Fachmann als E1/EV1 bezeichnet), eloxiert feingeschliffen im Bronzeton (E1/CH5), weiß einbrennlackiert (RAL 90 10) oder auch in Kombinationen wie außen eloxiert (E1/CH5) und innen weiß einbrennlackiert.

Selbstverständlich sind auch Sonderausführungen eloxiert oder lackiert möglich, wenn spezielle architektonische Gegebenheiten den erhöhten Kostenaufwand rechtfertigen.

Damit sich die Fenster zwanglos dem Baustil anpassen, ist es zudem notwendig, daß sie nicht nur in allen üblichen Öffnungsarten und Formen lieferbar, sondern auch entsprechende Stilverglasungen möglich sind. Hierzu gehören echte, thermisch getrennte Sprossen oder auch pflegefreundliche, innenliegende Sprossen, aber auch Butzenscheiben oder Son-

91 Altes Haus mit modernen Fenstern – das muß kein Widerspruch sein, wie es dieses Beispiel beweist. Hier sorgen Hörmann-Kunststofffenster für die gewünschte Wärmedämmung und langlebige Schönheit ohne kostspieligen Erhaltungsaufwand.

92 Hier wurde ein modernes Kunststoffenster eingebaut und der noch intakte Rolladen belassen. Dies funktioniert in den meisten Fällen, wenn der Rolladen in entsprechend gutem Zustand ist.

93

95

94

96

93 Wenn es der Baustil verlangt, ist auch ein Fenster mit Rundbogen möglich. Hier wurde ein Hörmann-Kunststoffenster mit Rundbogen und innenliegenden Ziersprossen eingebaut.
94 Bei relativ kleinen Fensteröffnungen, wie man sie oft in älteren Häusern findet, sind Aluminium-Fenster mit ihrem schmalen Rahmenprofil eine objektgerechte Lösung. Ein altes Fachwerkhaus mit modernen Hörmann-Aluminium-Sprossenfenstern in weißer Einbrennlackierung. Echte Sprossen, glastrennend, und wie Rahmen und Flügel thermisch getrennt.
95 Und noch einmal ein altes Haus mit neuen Fenstern: Aluminium-Fenster im Naturton eloxiert mit passend dazu perlgrau gestrichenen Klappläden.
96 Altes Bauernhaus: Das Scheunentor wurde zum Fenster umfunktioniert. Das weiß einbrennlackierte Aluminium-Fenster mit Butzenscheiben bringt eine harmonische, stilechte Lösung.

97 Klare Linien und pflegeleicht glatte Flächen kennzeichnen modernen Fensterkomfort, der hier durch ein braunes Hörmann-Kunststoffenster mit Rolladen demonstriert wird.

derverglasungen, die gegen starke Sonneneinstrahlung oder einen hohen Außengeräuschpegel schützen.
Ein anderer Gesichtspunkt bei der Fensterwahl ist das Zubehörprogramm, das Rolladenelemente, Wetterbänke und Paneele ebenso wie Anschluß- und Zierprofile einschließt.
Dem qualitätsbewußten, aber fachlich nicht vorbelasteten Käufer oder Kaufinteressenten fällt auch bei Aluminiumfenstern die Orientierung nicht leicht. Als grobe Orientierungshilfe kann zum Beispiel dienen, daß der Anbieter schon lange am Markt vertreten ist, technisch interessante Aspekte sind die Ausbildung der Eckverbindungen mit paßgenauen Gehrungen und entsprechenden Eckaussteifungen, Ausführung und Material der Dichtungen sowie die Schlagregendichtigkeit der Fensterkonstruktion, die durch die entsprechende Beanspruchungsgruppe ausgewiesen wird.
Wie auch bei Kunststoffenstern gilt auch für Aluminiumfenster Güteschutz und Gütesicherung, zum Beispiel durch RAL-Zeichen und Prüfnummer, als zuverlässige Orientierungshilfe für den Käufer.

Ist hohe Dichtigkeit ein Problem?

Moderne Fenster aus dimensionsstabilen Werkstoffen wie Kunststoff oder Aluminium zeichnen sich durch ein hohes Maß an Dichtigkeit aus. Dauerelastische Dichtungen steigern diese noch, so daß Zugluft und Wärmeverluste praktisch ausgeschlossen sind. Dies gilt heute aber auch in fast gleichem Maße für hochwertige Holzfenster aus tropischen Hölzern, die ebenfalls in der Regel mit Dichtungen versehen sind und so keinen ständigen schleichenden Luftaustausch mehr ermöglichen, wie man ihn von alten Holzfenstern gewohnt war. In letzter Zeit konnte man häufig von Problemen lesen, die durch die hohe Dichtigkeit moderner Fenster verursacht worden sein sollen. Vor allem im Zusammenhang mit Häusern, in denen nachträglich eine Innendämmung angebracht wurde, hört man häufiger von Feuchtigkeitsproblemen, die fälschlicherweise den dichten Fenstern angelastet werden.

Tatsächlich wird hier nur ein Teil des Problems beleuchtet, das in einer generellen Veränderung der Wasserdampfdiffusion und des Wasserdampfhaushaltes der Wohnung liegt. In jedem bewohnten Raum entsteht Wasserdampf, da jeder erwachsene Mensch innerhalb von 24 Stunden über Verdunstung durch die Haut und mit der Atemluft rund drei Liter Wasser an die Umgebungsluft abgibt. Hinzu kommt die Wasserdampfentwicklung durch Kochen, Waschen, Duschen und so weiter. Die warme Raumluft vermag einen erheblichen Teil dieser Feuchtigkeit zu binden. Ein weiterer Teil diffundiert durch atmungsfähige Wände ins Freie oder wird zeitweise von saugfähigen Baustoffen wie Putz und Holz gespeichert, um beim Absinken der Luftfeuchtigkeit wieder an den Raum abgegeben zu werden.

Durch das Anbringen von Innendämmungen wird das Sorptionsverhalten der Wände negativ beeinflußt. Um Kondensatbildung in der Dämmschicht zu verhindern, muß bei der Dämmung kalter Außenwände sogar eine Dampfsperre aus Alufolie oder dicker Polyäthylenfolie vorgesehen werden. Damit kann die Wand nicht mehr wie bisher zur Regulierung des Raumklimas und speziell des Feuchtigkeitsgehaltes der Luft beitragen.

Hierdurch kann es schließlich dazu kommen, daß sehr dicht schließende Fenster und Türen, die einen ständigen schleichenden Luftaustausch und damit einen Abtransport von Luftfeuchtigkeit verhindern, das Problem einer Überfeuchtung der Raumluft vergrößern, so daß es zu Feuchteflecken und Schimmelbildung kommen kann. Abhilfe schafft hier regelmäßiges Lüften nach der Devise »kurz aber intensiv«, die auch im Hinblick auf die Energiebilanz vorteilhaft ist.

Zu einem solchen intensiven Lüften genügt es, das Fenster wenige Minuten ganz zu öffnen. Dabei strömt die warme Raumluft, die spezifisch leichter ist, mit Macht im oberen Bereich der Fensteröffnung ins Freie, während unten kalte frische Außenluft einströmt, die auch eine geringere Feuchtigkeit aufweist. Diesen Luftaustausch kann man übrigens mit Zigarettenrauch oder an eine Leiste geklebten Wollfäden sichtbar machen.

Die erwärmte Raumluft entführt bei diesem Lüftungsvorgang dank ihrer Fähigkeit, eine relativ hohe Feuchtigkeitsmenge zu binden, Wasserdampf aus dem Raum. Die eingeströmte kühle Außenluft vermag bei der anschließenden Erwärmung im Raum Feuchtigkeit aufzunehmen und verhindert so eine Überfeuchtung der Raumatmosphäre.

Weit weniger günstig hinsichtlich der Energiebilanz des Hauses ist es dagegen, mit einem ständig auf »Kippe« gestellten Fenster eine Dauerlüftung herbeizuführen, weil hierdurch zwar ein ständiger Luftaustausch erfolgt, aber auch in gleichem Maße ständig Wärme ins Freie entführt wird. Aus diesem Grunde sind auch hierzulande Fenster mit Zwangslüftung nicht zugelassen.

Ein tatsächliches Problem kann die hohe Dichtigkeit moderner Fenster und Türen allerdings dann bedeuten, wenn in einem Raum oder in einer Wohnung sauerstoffzehrende Heizanlagen wie offene Kamine,

Kaminöfen, Kohleöfen oder Gasheizungen betrieben werden. Hier kann es im Extrem zu einem Sauerstoffdefizit kommen, das schließlich lebensgefährlich werden kann. Um solche Risiken auszuschließen, muß der Lüftungsverbund zwischen den Räumen stets aufrechterhalten bleiben (offene Türen) oder der Feuerstelle von außen Verbrennungsluft zugeführt werden. Eine entsprechende fachliche Beratung erteilt der örtliche Schornsteinfegermeister.

Moderne Fenster erfüllen alle Ansprüche

Ob es nun darum geht, einen Neubau mit Fenstern auszustatten oder im Altbau von Wind und Wetter und dem Zahn der Zeit angegriffene Fenster zu ersetzen und damit zugleich den Anforderungen an den zeitgemäßen Wärme- und Schallschutz gerecht zu werden, mit modernen Qualitätsfenstern lassen sich alle anstehenden Fensterprobleme lösen.

Im Altbau ist meist durch den Baustil der Zeit, in der das Bauwerk entstand, eine bestimmte Fensterform und auch Größe vorgegeben. Oft findet man hier entsprechend der früher üblichen Zimmerhöhe verhältnismäßig hohe, mit Oberlicht ausgestattete Fenster, um die Fensterfläche zu gliedern. In Häusern aus den Zwanziger Jahren findet man nicht selten auch Fenster mit Rundbogenabschluß, der auch bei einer Neuausstattung mit modernen Fenstern möglichst erhalten bleiben

98 Fachwerkhaus mit Kunststoffenster. Innenliegende Sprossen sorgen für ein leicht zu putzendes Fenster, das sich trotzdem stilgerecht in die Architektur einfügt.

99 Mit großflächigen Schiebefenster-Türanlagen wachsen draußen und drinnen zusammen, vor allem wenn wie bei diesem Beispiel der Bodenbelag Haus und Hof verbindet. Anlagen wie dieses große Alu-Schiebefenster sollte man möglichst vom Fachmann einbauen lassen.

sollte, um den Charakter des Hauses nicht zu verfälschen.
Moderne Kunststoffenster, wie auch Aluminiumfenster, wie sie beispielsweise Hörmann anbietet, gibt es sowohl mit separat zu öffnendem rechteckigen Oberlicht als auch mit festem Rundbogen in verschiedenen Radien.
Praktisch für die Althaus-Modernisierung ist auch das Kunststoffenster mit integrier-

100

101

100 Großflächige Hebe-Schiebetüranlage aus Kunststoff.

101 Großflächige Giebelverglasungen fangen Licht und Sonnenwärme ein. Die moderne Fenstertechnik erlaubt dabei überzeugende Lösungen nach Maß.

tem Rolladen, das sich nicht nur dann anbietet, wenn ein nicht mehr sanierungswertes Holzfenster mit Rolladen zu ersetzen ist, sondern auch immer dann von Vorteil ist, wenn es gilt, in lärmexponierten Zonen für Schallschutz oder auch auf einer Wetterseite für zusätzlichen wirksamen Wärmeschutz zu sorgen. Unter Umständen paßt auch die Kombination von Fenster und Rolladen ins architektonische Bild, wenn statt der alten Fenster mit Oberlicht möglicherweise wegen einer Veränderung der Innengestaltung der Räume, zum Beispiel durch abgehängte Decken, jetzt Fenster ohne Oberlicht eingesetzt werden sollen.

Moderne Alu- und Kunststoffenster gibt es sowohl ein- als auch zweiflügelig, wobei die Flügel wie beim klassischen Holzfenster nur zum Schwenken ausgelegt oder auch mit einem Drehkippbeschlag ausgestattet sein können. Im letzteren Fall sollte man auf einen leicht zu bedienenden Ein-Hand-Drehkippbeschlag mit Rundum-Verriegelung achten, um das Fenster jederzeit leicht und problemlos öffnen, schließen oder auf »Kippe« stellen zu können und eine gute Dichtigkeit sicherzustellen. Eine in Büros häufig anzutreffende Fensterform ist das mittig gelagerte Fenster, dessen Flügel nicht ausdreht, sondern um die horizontale Achse um fast 180° drehbar schwingt. Im Privathaus kann es bei bestimmten Raumverhältnissen, wenn zum Beispiel eine relativ großflächige Verglasung wegen eines hohen Tagelichtbedarfes gewünscht ist, aber nach innen öffnende Flügel hinderlich sind, günstig sein. Ein solches Fenster läßt sich durch seine Drehbarkeit um 180° auch in ungünstiger Montageposition noch recht gut putzen, weshalb man es zum Beispiel zuweilen in Bädern findet, wo Sanitärobjekte wie Wanne, WC oder Bidet unter dem Fenster installiert werden mußten. Mit einem gut lichtdurchlässigen Strukturglas verglast erlaubt ein solches Fenster einen großzügigen Lichteinfall und verwehrt auch in teilweise geöffnetem Zustand den Einblick, was zum Beispiel im Sommer von Vorteil ist.

Auch nahezu raumhohe Fensteranlagen lassen sich mit maßgefertigten Kunststofffenstern verwirklichen, wobei zum Beispiel bei Fensteranlagen, die auf Balkone oder Terrassen hinausweisen und somit auch von außen zum Putzen zugänglich sind, feste Fensterflächen mit zu öffnenden Flügeln ebenso kombinierbar sind wie Fensterflügel in Kombination mit einer Balkontür.

Im Giebel findet man heute vor allem bei Neubauten, aber auch bei manchem älteren Haus, eine großzügige Verglasung, um Licht ins Haus zu holen wie auch Sonnenwärme einzufangen. Hier bedarf es spezieller Giebelverglasungen oder auch Schrägelemente, die es für praktisch alle Einbaufälle ebenfalls maßgeschneidert gibt.

Die gute Wärmedämmung moderner Kunststoff- wie Aluminiumfenster mit entsprechender Isolierverglasung sorgt dafür, daß eine großzügige Verglasung nicht zu einer kostspieligen Extravaganz wird. Man kann sogar mit einer durchdachten Fensterausstattung des Hauses die Heizkostenbilanz positiv beeinflussen. So raten Energiefachleute, nach Norden und Nordwesten beziehungsweise Nordosten mit Fensterflächen zu geizen und dafür das Haus mit Fensterflächen, die nach Osten, Süden und Westen weisen, zu öffnen, um Licht und Sonnenwärme einzufangen.

In Verbindung mit Rolladenanlagen läßt sich die Wärme im Hause halten oder im Sommer auch extreme Sonneneinstrahlung abhalten. Um Sonnenwärme auch im Winter einzufangen, muß man übrigens keineswegs in südlichen Gefilden oder im sonnigen Kalifornien residieren. Auch in unseren Breiten erweist sich die Sonne selbst im Winter als erstaunlich effektiv.

Sowohl dem erfreulichen Trend zur stilgerechten Althaus-Sanierung folgend als auch dem Wunsch nach mehr Gemütlichkeit kommen Kunststoff- wie Alufenster durch die Möglichkeit der Gliederung der Fensterfläche mittels Sprossen entgegen. Dabei kann man sich für falsche – sprich innenliegende- oder auch Zier-Sprossen entscheiden oder auch klassische aufliegende, echte Sprossen wählen, die die Glasfläche nicht nur optisch, sondern auch tatsächlich in Einzelfelder gliedern.

Die falschen, innenliegenden Sprossen bieten durch die vollflächig durchgehende Innen- und Außenverglasung den Vorteil einer schnellen und leichten Fensterreinigung und vermeiden etwas mehr Putzaufwand in zusätzlichen Schmutzecken. Aus der Nähe besehen erweisen sich Fenster mit innenliegenden Sprossen allerdings auch als optisch weniger wirkungsvoll und nicht so gemütlich wie solche mit echten, aufliegenden Sprossen.

Wählt man ein Fenster mit echten Sprossen, gleich ob aus Aluminium oder aus Kunststoff, ist notwendig, daß die Sprossen thermisch getrennt sind, also keine Kältebrücken zwischen Außen- und Innenseite entstehen lassen, die der Wärmedämmung abträglich sind.

Eine weitere Variationsmöglichkeit, die das Gesicht des Hauses erheblich beeinflußt, ist die Wahl von flächenbündigen oder flächenversetzten Fenstern.

Beim flächenbündigen Fenster schließen Blend- und Flügelrahmen planeben miteinander ab, womit eine sehr klare Linienführung und sachliche Geradlinigkeit erreicht wird. Dagegen gliedert ein flächenversetztes Fenster das Fensterbild effektvoll und schafft beim renovierten Althaus das gewohnte Bild, wie es vom üblicherweise flächenversetzten alten Holzfenster vertraut ist.

Mit seinem verhältnismäßig schmalen Rahmenprofil bieten sich Aluminiumfenster vor allem dort an, wo zum Beispiel im Althaus relativ kleine Fensteröffnungen mit neuen Fenstern zu versehen oder, bei modernen Bauwerken, die Glasflächen besonders betont werden sollen. Sie passen damit zum neuen wie zum alten Haus.

102 Auch wer in einem landschaftlich geprägten alten Haus wohnt, braucht auf modernen Fensterkomfort nicht zu verzichten, wie dieses Beispiel eines schieferbekleideten Bergischen Hauses mit Kunststoffenster es beweist. Die Ziersprossen liegen zwischen den beiden Scheiben der ISO-Verglasung.

Farbliche Harmonie

Die architektonische Linie eines Hauses wird nicht allein durch die Gliederung der Fassadenflächen und den Einsatz unterschiedlicher Materialien bestimmt. Ebenso wichtig ist auch ein harmonisches Erscheinungsbild von Fenstern und Türen in Stil und Farbe.
Hier reicht die Skala der Gestaltungsmöglichkeiten vom traditionellen Fensterweiß, das in Aluminium und Kunststoff möglich ist, über silbriges Alu bis zu bronzebraunen Eloxal-Oberflächen bei Alufenstern oder Holztöne, die einschließlich einer maserungsähnlichen Reliefierung Kunststofffenster zieren. Wer moderne, leuchtende Farben liebt, die derzeit in Buntstift-Tönen Mode und Architektur beleben, kann ebenso wie die Haustür auch seine Fenster in ausdrucksvollen RAL-Buntfarben wählen, in denen Aluminiumfenster erhältlich sind.

Verglasung nach Maß

Erst durch die Verglasung wird das Fenster zu einem funktionellen Bauelement. Mit Rücksicht auf die aktuellen Forderungen nach Energieeinsparung und Wärmeschutz ist heute eine Zwei-Scheiben-Isolierverglasung bei Alu- oder Kunststoffenstern ebenso selbstverständlich wie bei einem modernen Holzfenster.
Die Zwei-Scheiben-Isolierverglasung wird bei Qualitätsfenstern als Trockenverglasung ausgeführt. Dabei sind Außen- und Innenscheibe mit einem Abstandsprofil luftdicht verklebt. Die zwischen beiden Gläsern eingeschlossene Luft wird durch feine Bohrungen im unteren Profil über wasserfrei eingebrachtes Silikagel entfeuchtet, so daß sich kein Schwitzwasser durch sich an der kühlen Außenscheibe niederschlagende Luftfeuchtigkeit bilden kann.
Rahmen und Verglasung sind bei Qualitätsfenstern in der Regel mit Dichtprofilen aus alterungsbeständigem APTK-Kautschuk verbunden. So ist sichergestellt, daß weder bei Wind Zugluft noch Feuchtigkeit bei Schlagregen durch die Verbindungsstelle zwischen Rahmen und Verglasung eindringen kann.
Bei besonders sonnenexponierten Lagen kann man anstelle einer normalen Verglasung sogenannte Sonnenschutzgläser verwenden, die durch eine feine Bedampfung die auftreffende infrarote Strahlung, die die Wärme transportiert, weitgehend reflektieren. Solche Sonnenschutzgläser sind an einem leichten Gold-, Braun- oder Blauton zu erkennen. Dieser ist hauptsächlich von außen zu sehen. Beim Ausblick aus dem Haus werden hingegen die Farben der Natur kaum verfälscht.
Zu einem Fenster mit Sonnenschutzverglasung passen übrigens Rahmen im Bronzeton besonders gut.
Es gibt aber auch Wärmeschutzgläser, deren Hauptfunktion darin besteht, die Wärme im Haus zu halten. Hierzu zählt zum Beispiel ISO-Glas Climaplus N 1,3, das im Vergleich mit einer normalen Zwei-Scheiben-Isolierverglasung nur rund 59 Prozent der Wärme passieren läßt, die durch eine herkömmliche ISO-Verglasung verlorengeht.
Energiesparen macht auch dann nicht halt, wenn es um optische Effekte geht. So gibt es auch Butzenscheiben in Isolierglasausführung mit trocken verglaster Außen- und Innenscheibe.
Dort, wo eine Einsicht von außen unerwünscht ist, kann man Kunststoff- wie Aluminiumfenster auch mit einer Isolierverglasung aus Ornamentglas versehen, das zwar Licht hereinläßt, indiskrete Blicke jedoch abwehrt. Drahtarmiertes Ornamentglas trägt dazu bei, Einbrechern das Handwerk nicht unerheblich zu erschweren.
Bei dieser lichtscheuen Zunft sind auch Drei-Scheiben-Gläser, die besonders hohen Wärme- und Schallschutz bieten, unbeliebt. Mit einem Spezial-Wärmeschutzglas ist zum Beispiel bei einem Hörmann-

Kunststoffenster eine Verbesserung des Wärmeschutzes von 26 W/m^2K auf 17 W/m^2K gegenüber der üblichen 24-mm-Zwei-Scheiben-Isolierverglasung möglich. Beim Aluminiumfenster der Rahmengruppe 2.1 liegen die Vergleichswerte bei 27 W/m^2K zu 17 W/m^2K.
Wird allein aus einer besonders geräuschexponierten Lage heraus ein optimaler Schallschutz angestrebt, kann man die Fenster auch mit speziellen Schallschutzgläsern ausstatten, die als Zwei-Scheiben-Isolierverglasung ein Schalldämmaß von R = 42 dB (A) entsprechend der Schallschutzklasse 4 ermöglichen.

Sicherungsmöglichkeiten für Fenster und Balkontüren

Die Notwendigkeit, Fenster und Balkontüren besonders abzusichern, mag nicht jeder auf den ersten Blick einsehen. Solche speziellen Sicherungsmaßnahmen müssen nicht nur im Hinblick auf eventuelle Einbruchrisiken gesehen werden. Wer kleine Kinder hat, sollte sich auch einmal Gedanken machen, wie gefährlich der Entdeckerdrang des Nachwuchses sein kann, wenn dieser sich auf das Unbekannte jenseits von Fenstern und Balkontür richtet. Immer wieder kann man in Zeitungen lesen, daß spielende Kinder aus dem Fenster oder über die Balkonbrüstung gestürzt sind. Um solche lebensgefährlichen Aktionen des Nachwuchses zu verhindern, gibt es spezielle Fenster- und Hebetürbeschläge, die mit einem Sicherungsriegel ausgestattet oder auch abschließbar sind.
Ein Hebetürbeschlag läßt sich auch nachträglich sichern, wenn man ihn dort, wo der über die Hebelmechanik anhebbare Vierkantstift geführt ist, durchbohrt und einen Stift durch die Bohrung steckt. Unter Umständen läßt sich auch ein Sicherheitsschloß mit drehbarem Bügel durch diese Bohrung führen, so daß der Hebebeschlag tatsächlich abschließbar wird.
Diese Maßnahme erweist sich auch als wirkungsvoll gegen Einbrecher, die ungesicherte Fenster- und Türbeschläge oft mit einem simplen Drahttrick öffnen, um sich Einlaß zu verschaffen. Den gleichen Zweck erfüllt auch der eingangs erwähnte abschließbare Beschlag, den es als Sonderausstattung für Fenster und Hebetüren gibt.
Eine wirkungsvolle Sicherung für Schiebetüren ist eine solide Vierkantstange, die einfach in die Führungsnut des Bodenprofils gelegt wird und ein Aufdrücken der Tür verhindert. Einen ähnlichen Effekt haben Bolzen, die eng am Türelement anliegend in die Führungsschiene gesteckt werden.
Weitere Sicherheit bieten Fenster mit Rollladen, der allerdings gegen Aushebeln und Hochdrücken gesichert sein sollte (siehe auch Seite 113).

Ein Wort zum Thema Kellerfenster

Teuer erstellter Kellerraum ist zum Leerstehen oder für ein bloßes Rumpelkammerdasein zu schade. Immer häufiger werden deshalb Keller so gestaltet, daß sie vorwiegend für Freizeit-Aktivitäten genutzt werden können. Mancher hat auch im Keller ein Gästezimmer eingerichtet. Wenn Kellerräume allerdings ständig bewohnt werden sollen, spielen die Bauaufsichtsbehörden nur mit, falls bestimmte Forderungen hinsichtlich Raumhöhe und Fensterausstattung, die in der Bauordnung festgeschrieben sind, erfüllt werden.
Der Wunsch nach hellen und luftigen Kellerräumen veranlaßt immer mehr Bauherren, ihre Keller zumindest in Teilbereichen mit Wohnraumfenstern auszustatten und nur für die Funktionsräume wie Heizungskeller, Öl- oder Kohlenkeller beziehungsweise Vorrats- und Lagerräume übliche Kellerfenster vorzusehen.

Solche Kellerfenster gibt es als Fertigelemente, die beim Errichten der Kellerwände gleich mit eingemauert oder einbetoniert werden. Oft besteht ihr Rahmen aus verzinktem Stahl, und anstelle einer Verglasung sind diese Fenster zuweilen mit Lochblechen ausgestattet, die eine ständige Belüftung des Kellerraumes ermöglichen und zugleich unbefugtes Eindringen abwehren.

Werden verglaste Fenster gewählt, sollte man möglichst ein widerstandsfähiges Drahtglas wählen.

Zum Schutz gegen Einbruch empfiehlt sich ein solides Gitter, das in die äußere Maueröffnung eingelassen ist, oder bei Fenstern, die in einen Fensterschacht münden, ein stabiles Abdeckgitter, das in der Tiefe des Schachtes mit einer Kette und Schloß oder mit einem abschließbaren Beschlag arretiert ist, so daß es nicht herausgehoben werden kann.

Preisgünstige Kellerfenster gibt es außer mit Metallrahmen auch in verschiedenen Kunststoffausführungen.

Für den wohnlich gestalteten Keller empfehlen sich hingegen ganz normale Wohnraumfenster aus Kunststoff oder Aluminium, sofern das Gelände, zum Beispiel bei einer Hanglage, dies sinnvoll erscheinen läßt, denn ein Wohnraumfenster ist nur dann sinnvoll, wenn es einen gewissen Ausblick bietet, Licht in den Raum fallen läßt und nicht in einen Schacht mündet.

Da Kellerfenster leicht erreichbar sind und möglicherweise auch mehr oder weniger versteckt liegen, empfiehlt es sich, hier besonders für eine Sicherung gegen Einbrecher zu sorgen. Hier empfehlen sich als Vorbeugemaßnahmen Gitter vor dem Fenster, abschließbare Beschläge, gesicherte Rolladen oder, wenn besondere Werte im Keller verwahrt werden, eventuell eine Sonderverglasung mit einbruchhemmendem Glas.

103 Kunststoff-Wohnraumfenster machen Kellerräume wohnlich und verschönern die Ansicht des Hauses.

Der Einbau von Kunststoff- und Aluminiumfenstern

Wie bei vielen Bauelementen gilt auch bei Fenstern der Grundsatz, nach dem ein Bauteil nur so gut und funktionssicher ist, wie es sein Einbau erlaubt. An einem mangelhaft eingebauten, noch so hochwertigen Fenster aus Aluminium, Kunststoff oder auch Holz wird man kaum Freude haben. Dies sollte man sich stets vor Augen halten, gleich ob man nun von einem Fachbetrieb Fenster in einen Neubau einbauen oder Altfenster ersetzen läßt oder ob man sich die Montage selbst zutraut.

Der Fenstereinbau ist eine verhältnismäßig komplexe Aufgabe, die verschiedene bautechnische Fragen berücksichtigen muß und vielseitige Fähigkeiten von der eigentlichen Montage über Beiputzarbeiten bis zur Versiegelung der Anschlußfugen erfordert.

Ein Blick in die Ausschreibungsunterlagen für die professionelle Fenstermontage gibt Aufschluß über die vielschichtigen Forderungen für einen korrekten Fenstereinbau.

Sie beginnen mit den statischen Erfordernissen, denn der Einbau eines Fensters muß nicht nur so erfolgen, daß die Befestigung das Gewicht des Fensterelementes mit der notwendigen Sicherheit aufzunehmen vermag, sondern auch der auftretenden Beanspruchung durch Winddruck entspricht. In den Ausschreibungstexten ist diese Forderung so formuliert, daß die Verankerungen die Kräfte aus Fenstern und Fensterwänden einwandfrei auf das Bauwerk übertragen. Die entsprechende technische Ausführung ist in der Norm DIN 18056 festgelegt, die im Abschnitt 5.5 fordert, daß der Abstand der Befestigungselemente (Anker) untereinander maximal mit 80 cm anzusetzen ist, sofern vom Fensterhersteller keine geringeren Abstände vorgeschrieben werden. Der Abstand der Befestigungselemente von den Ecken und anderen Rahmenverbindungen darf 25 cm nicht unterschreiten. Ein sehr wichtiger Aspekt, der beim Fenstereinbau große Aufmerksamkeit verdient, ist die einwandfreie Abdichtung des Fensterelementes im Anschluß an den Baukörper, zum Beispiel ans Mauerwerk. Dabei sind wie bei jedem Zusammentreffen unterschiedlicher Werkstoffe die bauphysikalischen Anforderungen zu beachten. Das heißt, daß die Abdichtung so ausgeführt werden muß, daß sie trotz unterschiedlicher Wärmeausdehnung der aneinander angrenzenden Materialien wie auch möglicher Formänderungen am Bauwerk dauerhaft funktioniert. Auch die Verankerungen zwischen Fensterelement und Bauwerk müssen diesen Erfordernissen gerecht werden.

Gleichzeitig sind die Anforderungen hinsichtlich Wärme-, Feuchtigkeits- und Schallschutz zu erfüllen und Fugenbewegungen zu beachten.

Wenn Sie die Fenster vom Fachmann einbauen lassen möchten

Angesichts der vielfältigen technischen Finessen, die beim Fenstereinbau zu berücksichtigen sind, wird der nicht versierte Selbermacher sicherlich die Montage durch einen Fachbetrieb vorziehen. Auch in diesem Fall können einige Tips von Vorteil sein. Wie bereits gesagt, beinhaltet der Einbau von Kunststoff- und Aluminiumfenstern vielfältige handwerkliche Fähigkeiten, die jedoch noch nicht in einem Berufsbild wie etwa des »Fenstermon-

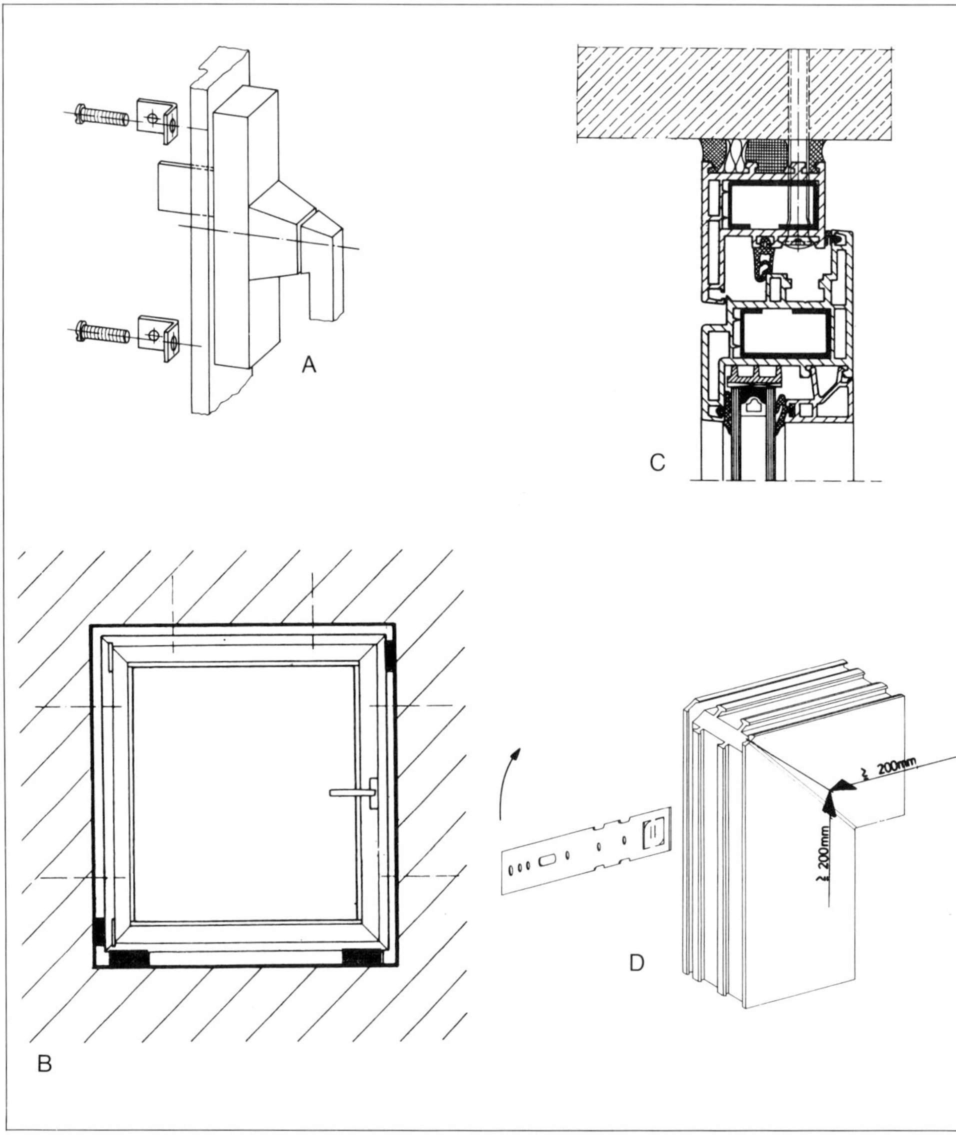

104 So werden Kunststoff-Fenster eingebaut:
A *Der Mitnehmer des Bedienungshebels ist in die zugehörige Ausfräsung zu stecken, worauf der Bedienungsbeschlag wie gezeigt anzuschrauben ist.*
B *Der Rahmen wird in die Maueröffnung gesetzt, mit wärmedämmendem Material unterbaut und nach exaktem Ausrichten diagonal verkeilt.*
C *Bei der Dübelmontage werden 10-mm-Durchsteckdübel mit einem Mindestabstand von 200 mm von den Rahmenecken gesetzt. Abstand von Dübel zu Dübel maximal 800 mm. Rahmenbohrungen 11 mm ∅.*
D *Bei der Montage mit Fensterankern werden diese in die Aufnahmenuten eingedreht, auch hier Eckabstand von 200 mm und Ankerabstand von maximal 800 mm zueinander einhalten.*

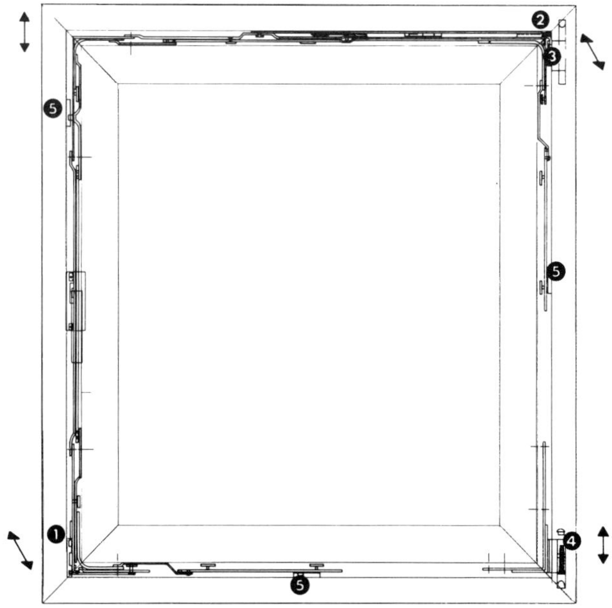

***E** Justieren des Fensterflügels: Der Anpreßdruck an der Verschlußseite wird bei (1) eingestellt und bei Klappern in Kippstellung nachreguliert. Heben und Senken erfolgt durch die Inbus-Stellschraube bei (2). Der Anpreßdruck im Scherenbereich wird nach Kippen des Fensters bei drei mittels Innensechskantschraube reguliert. Einstellen der Höhe erfolgt nach Entfernen der Kunststoffkappe am unteren Band (4) durch Drehen des Schraubbolzens im Band mit einem Inbus-Schlüssel Größe 4. Zum Einstellen des Anpreßdruckes werden nach Anheben des Flügels die Schließzapfen bei (5) gedreht.*

teurs« erfaßt sind. So verfügen die Fachbetriebe in der Regel über selbst oder in Zusammenarbeit mit namhaften Fensterherstellern geschultes Einbau-Personal.

Der Renovierungsboom hat aber auch vor einigen Jahren Unternehmen entstehen lassen, die mit Montagekolonnen durch die Lande ziehen und zum Teil in weit entfernten Orten ihren Sitz haben. Hier fällt es dem Auftraggeber zuweilen nicht leicht, sich ein Bild von den Leistungen des Anbieters zu machen.

Wer sicher gehen möchte, tut gut daran, sich bei den Anbietern am Ort zu orientieren, die auch Referenzen nachweisen können. Dabei ist es vorteilhaft, wenn auch schon vor längerer Zeit fertiggestellte Referenzobjekte nachgewiesen werden können.

Wer kein Bauprofi ist, wird es sicherlich auch schwer haben, Angebote zu beurteilen. Grundsätzlich sollte man immer ein Komplettangebot einholen, das alle Leistungen vom Aufmaß der Fenster über die eventuell notwendige Demontage alter Fenster bis zum Einbau der Neufenster einschließlich Versiegelung der Anschlußfugen, Beiputzen und Entsorgung der Baustelle (Entfernen des Schmutzes, Mitnahme von Altfenstern und etwaigen Bauschuttes nebst Verpackungsmaterial der gelieferten Fenster) einschließt. Auch die Absprache eines Festpreises ist ratsam, wobei man sich alle im Preis eingeschlossenen Leistungen schriftlich bestätigen lassen sollte. Hiermit soll kein generelles Mißtrauen gegenüber dem Einbaupartner ausgedrückt, sondern lediglich eindeutig das Verhältnis von Leistung und Preis festgelegt werden, was um so wichtiger ist, wenn der Auftraggeber, sprich Bauherr oder Renovierer, kein Baufachmann ist.

Im Angebot sollte man auch festhalten, welches Fensterfabrikat in welchen Abmessungen und mit welcher Verglasung geliefert werden soll, denn auch hier gibt es erhebliche Unterschiede, so zum Beispiel neben Kunststoffenstern mit lichtecht durchgefärbtem Rahmenmaterial auch Fenster, deren äußeres Erscheinungsbild durch Beschichten oder Kaschieren mit Dekormaterialien bestimmt wird.

Von einigem Interesse ist auch die Frage nach einem Markenfabrikat, das auch nach rund fünf Jahren noch die Nachlieferung von unter Umständen benötigten Ersatzteilen garantiert. Die Wahl eines renommierten, ortsansässigen Montagebetriebes ist nicht zuletzt auch im Hinblick auf etwaige Gewährleistungsansprüche und Serviceleistungen von Vorteil.

Die Praxis der Montage von Kunststoff- und Aluminiumfenstern

Der Einbau von Fenstern aus Kunststoff oder Aluminium erfordert Sorgfalt und Geschick und sollte neben dem Fachmann nur versierten Selbermachern vorbehalten bleiben. Sollten beim Einbau Fragen auftreten, ist es immer ratsam, diese durch Informationen von einem Fachmann zu klären und nicht zu improvisieren. Fachliche Hilfe sollte man vor allem beim Aufmaß der Fenster in Anspruch nehmen, sofern man die entsprechenden Bestellmaße nicht von einem Architekten oder entsprechenden Profi erhalten kann.

Bei der Eigenmontage sollte man sich zudem nur auf Fenster bei Einfamilienhäusern beschränken, die in aller Regel von der Außenseite sicher zugänglich sind, so daß man keine Absturzrisiken zu fürchten hat. Beim Hantieren mit großformatigen Rahmenelementen sollte man sich außerdem der Hilfe einer zweiten Person versichern.

Prinzipiell verläuft die Montage von Kunststoff- und Aluminiumfenstern nach dem gleichen Verfahren. In beiden Fällen kann der Einbau entweder im Durchsteckverfahren mit langen Rahmendübeln oder mittels Eindrehankern erfolgen, die in die seitlichen Nutprofile eingeführt und durch Drehen um 90° in die Verankerungsposi-

---

105 Hierauf sollten Sie beim Einbau von Aluminium-Dreh-Kipp-Fenstern und Türen achten:
A *Bedienungshebel mit Mitnehmer in Aussparung stecken und auf der Rückseite mit Fehlbedienungssperre verschrauben.*
B *Rahmen in die Öffnung setzen, mit wärmedämmendem Material unterbauen und wie gezeigt nach dem Ausrichten diagonal verkeilen.*
C *So werden die Eindrehanker durch Drehung im Aufnahmeprofil verankert.*
D *Die Dübelmontage erfolgt im Durchsteckverfahren. Zur Aufnahme von 10-mm-Rahmendübeln wird das Rahmenprofil mit 11-mm-Bohrungen versehen. Die Schraubenköpfe kann man mit aufgeklipsten Kunststoffkappen abdecken.*
E *Zum Heben und Senken des Flügels dient die hier markant hervorgehobene Einstellschraube. Der Anpreßdruck des Flügels mit einem Inbus-Schlüssel der Größe 4 einstellen. Einbauprobleme lassen sich durch Zusatzprofile lösen.*

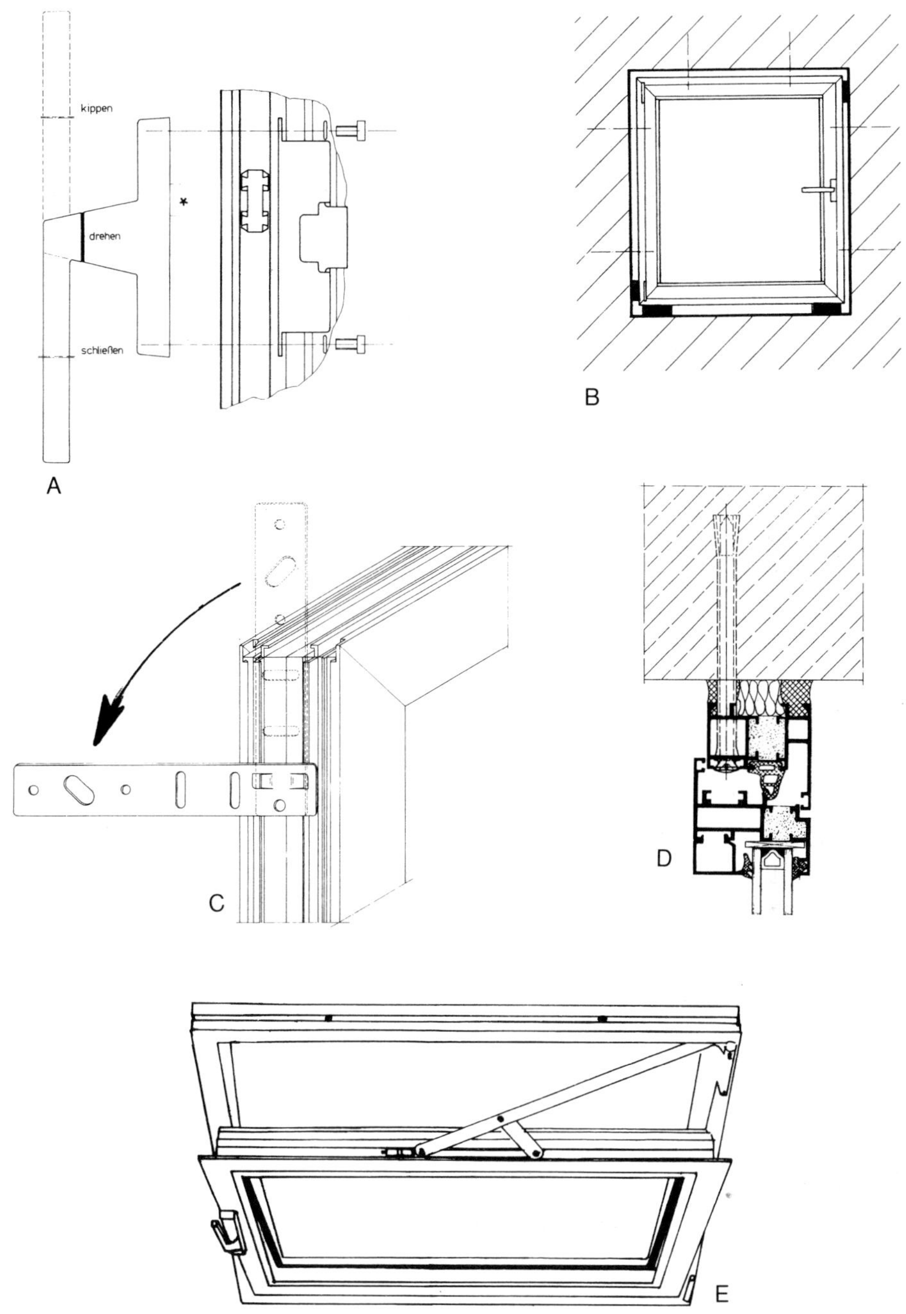

105

106 Ablauf einer Fensterrenovierung: Zuerst werden die alten Holzflügel ausgehängt und die Rahmen unten mittig mit der Bügelsäge durchtrennt.

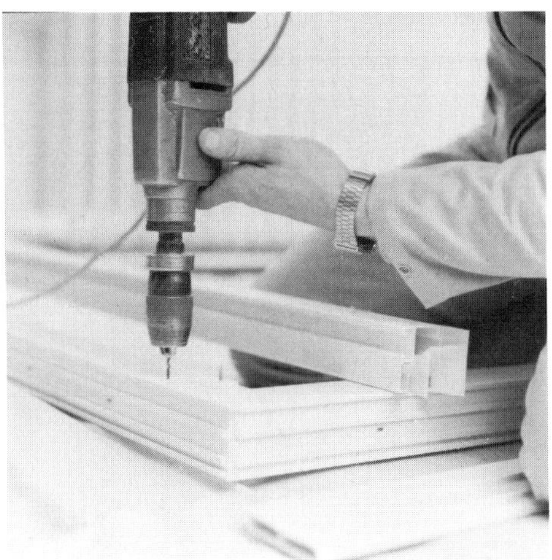

107 Kunststoffrahmen mit Führungen für Rollladen versehen. Neuen Rahmen in die Öffnung setzen.

108 Mit Zwingen sichern, und mit der Wasserwaage in allen Achsen ausrichten. Montagelöcher bohren.

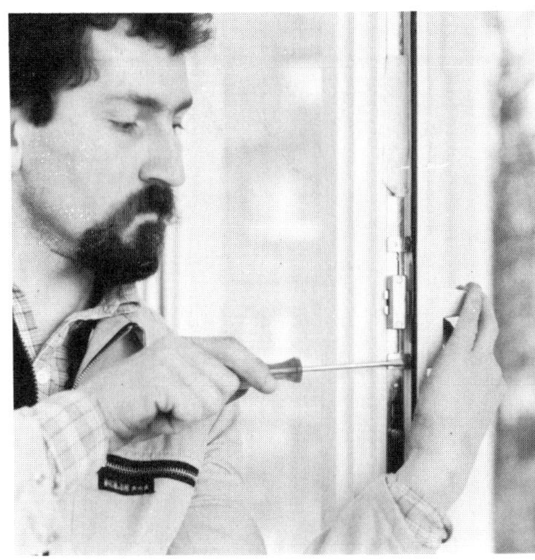

109 Dübel setzen und Schrauben eindrehen.

tion gebracht werden, worauf man sie in der Fensterlaibung andübelt.

Kunststoff- wie Alufenster werden in der Regel als Einheit von Blend- und Flügelrahmen geliefert, wobei der Bedienungsgriff aus Transportgründen separat beigepackt ist. Folglich muß der Beschlag zuerst montiert werden. Dies geschieht beim Kunststoffenster mit Dreh-Kipp-Funktion, indem man den Mitnehmer des Bedienungshebels in die dafür vorgesehene Ausfräsung steckt, die Dorne auf der

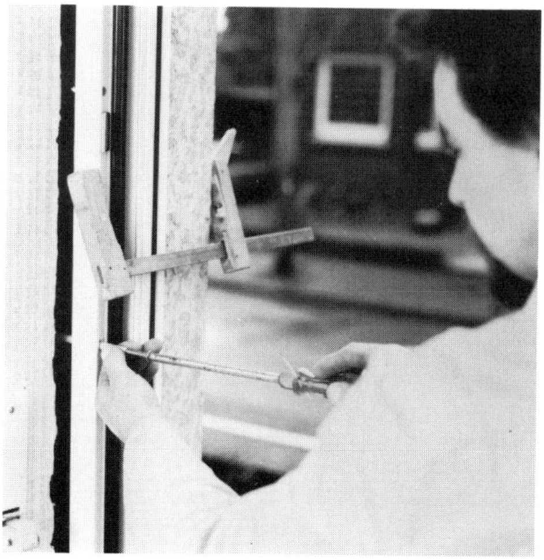

110 Flügel einhängen und Scharnierbolzen eindrücken. Drehkipp-Beschlag montieren. Freiraum, zwischen Blendrahmen und Mauerwerk mit Dämmstoff (Hartschaum) ausfüllen.

112 Außen-Anschlußfuge dauerelastisch versiegeln.

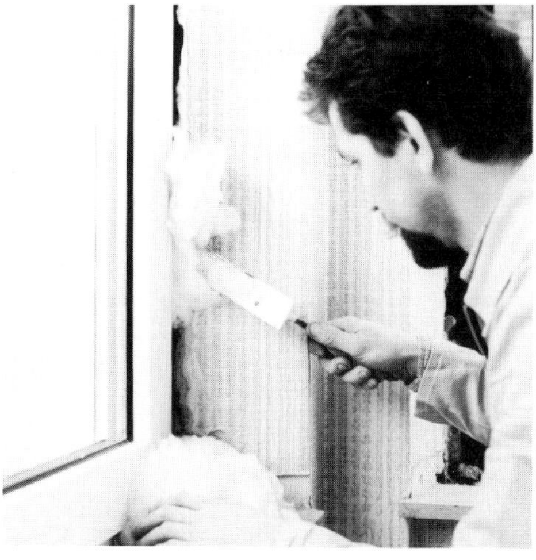

111 Glas- oder Steinwolle in den Spalt drükken. Anschlußfuge innen beiputzen.

113 Fensterflügel in Höhe an Andruckebene justieren. Und zum guten Schluß Verriegelungsmechanik einstellen.

Rückseite der Montagewinkel in die Beschlagschiene drückt und die Winkel anschließend am Bedienungsbeschlag verschraubt (siehe Zeichnung 104, A).
Beim Aluminiumfenster wird zunächst der pilzförmige Mitnehmer des Bedienungshebels in die Ausfräsung gesteckt und von der Rückseite mit der Fehlbedienungssperre verschraubt.
Zur Montage der Fenster muß als nächster Schritt jeweils der Fensterflügel ausgehängt werden. Hierzu wird der Fenster-

flügel geöffnet und der Dorn des oberen Bandes nach unten herausgezogen, worauf sich der Flügel aus dem unteren Band heben läßt. Um Beschädigungen zu vermeiden, wird der Flügel in schützenden Pappecken abgestellt. Der nun freie Rahmen wird in die Fensteröffnung gestellt und mit wärmedämmenden Beilagen, zum Beispiel aus Kunststoff, unterlegt. Anschließend wird der Rahmen diagonal an der Band- wie auch an der Bedienungsseite in der Maueröffnung mit Kunststoffkeilen oder ähnlichem Material festgesetzt. Mit der Wasserwaage wird der Rahmen dann sehr sorgfältig lot- und fluchtgerecht ausgerichtet. Das heißt: es müssen nicht nur die senkrechten Rahmenteile genau senkrecht stehen und die waagerechten exakt waagerecht. Der Rahmen darf auch nicht nach außen oder innen geneigt oder gar verkantet sein.

Wenn der Rahmen sauber ausgerichtet ist, geht es an die Befestigung.

Diese kann zum Beispiel im Durchsteckverfahren mit handelsüblichen Durchsteck-Rahmendübeln wie Fischer F 10 S, F 10 HS oder S 10 FS erfolgen, die einen Nenndurchmesser von 10 mm aufweisen.

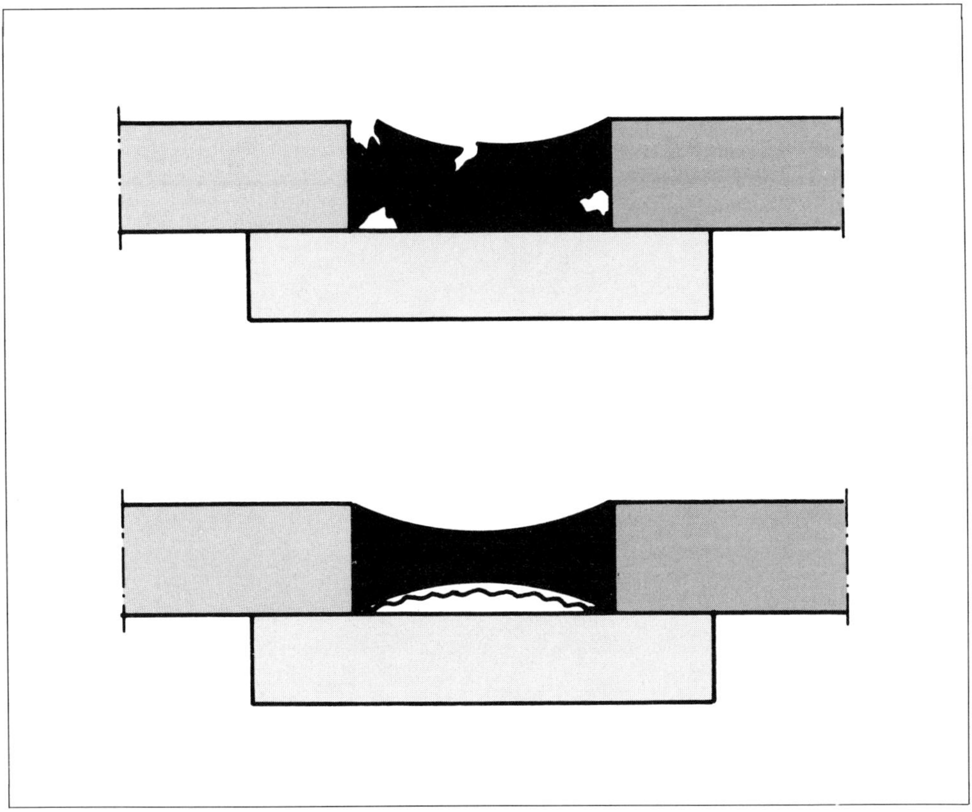

114 Wenn eine dauerelastische Verfugung sowohl an den Fugenflanken als auch am Fugenrand Haftung hat, kann die Masse ihre Elastizität nicht ausreichend wirksam werden lassen. Sie reißt auf. Richtig ist eine Verfugung, die nur an den Fugenflanken haftet. So kann die Fugenmasse ihre Elastizität voll ausspielen.

Zur Montage wird der Blendrahmen mit einem 11-mm-Bohrer zur Aufnahme des Dübels durchbohrt. Ein scharfer Spiralbohrer und eine Elektronikbohrmaschine erleichtern das punktgenaue Anbohren von Kunststoff- oder Aluminiumprofilen und verhindern ein Verlaufen des Bohrloches. Die Bohrungen sollen laut Herstellervorgabe bei Hörmann-Fenstern mindestens 200 mm Abstand von den Fensterecken und maximal 800 mm von Dübelloch zu Dübelloch aufweisen. Nach Durchbohren des Rahmens wird der Spiralbohrer gegen einen entsprechend langen Steinbohrer ausgetauscht, um nun die Befestigungsbohrungen in die Fensterlaibung zu bohren. Dabei dienen die zuvor gebohrten Rahmenbohrungen als Führung. Ein Tiefenanschlag sorgt für die notwendige Bohrtiefe, die so zu bemessen ist, daß die Befestigungsschraube im Endzustand der Montage den Dübel um ihren Nenndurchmesser durchdringt und so für eine optimale Dübelspreizung und tiefe Verankerung im Untergrund sorgt.

Zur Durchsteckmontage wird nun der gewählte Dübel, dessen Mindest-Verankerungstiefe durch eine Riffelmarkierung auf dem Schaft kenntlich gemacht ist, durch die Rahmenbohrung in die Mauerwerksbohrung gedrückt, bis sein kleiner Kragen am oberen Ende bündig am Rahmenprofil anliegt. Beim Eindrehen der zugehörigen Montageschraube, die bei Fischer-Dübeln der genannten Bezeichnungen mitgeliefert wird, erfolgt automatisch die Spreizung des Dübels. Wenn die Schrauben fest angezogen sind, werden ihre Köpfe mit passenden, ebenfalls mitgelieferten Kunststoffkappen abgedeckt.

Man kann Kunststoff- wie Aluminiumfenster aber auch mit Eindrehankern befestigen. Diese werden vor dem Einstellen des Rahmens in die Maueröffnung in die Aufnahmenuten geschoben und durch eine Drehung um 90° eingerastet. Anschließend werden sie montagegerecht zurechtgebogen und in der Fensterlaibung angedübelt. Die Anker verschwinden später

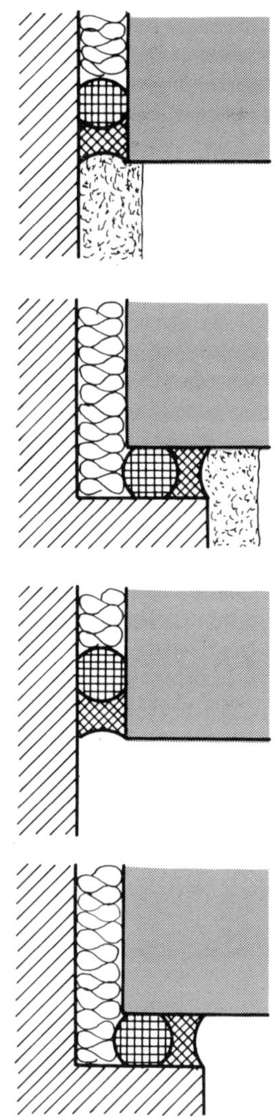

115 Um eine zuverlässige Abdichtung zu erzielen und auch Fugenbewegungen elastisch auffangen zu können, muß die Anschlußfuge zwischen Fenster und Mauerwerk richtig ausgeführt werden. Hier einige Beispiele der Fugenausbildung bei unterschiedlichen Montagebedingungen. Der Kältebrücken verhindernde Dämmstoff wird jeweils mit einem Moltoprenstrang abgedeckt, bevor die dauerelastische Versiegelung der Anschlußfuge erfolgt.

116 Dann erfolgt das fluchtgerechte Ausrichten mit der Wasserwaage.

117 Ist das Fenster in der endgültigen Montageposition gesichert, können die Befestigungsbohrungen eingebracht werden. Fensterprofil mit Spiralbohrer im Drehgang durchbohren, dann Steinbohrer einsetzen und Mauerwerksbohrung mit eingeschaltetem Schlagwerk einbringen.

118 Um Kältebrücken zu vermeiden, wird de Mauerwerksspalt mit Polyurethan-Schaum ausgeschäumt.

119 Außen wird ein Moltopren-Rundprofil in die Anschlußfuge gedrückt, die anschließend dauerelastisch ausgespritzt wird.

beim Beiputzen des Fensters. Wenn im Altbau vorhandene Fenster ersetzt werden, erweist sich die Dübelmontage als günstiger, weil hier die Laibungen schon verputzt sind.

Wenn der Fensterrahmen eingebaut ist, muß der Flügel probeweise in umgekehrter Reihenfolge der vorherigen Demontage eingehängt und auf Funktion geprüft werden. Erst dann empfiehlt es sich, für seine wärmetechnisch korrekte und feuchtigkeits- wie luftdichte Abdichtung zu sorgen. Hierzu wird in der Regel von der Außenseite ein Moltoprenstrang in die Anschlußfuge zwischen Rahmen und Mauerwerk gedrückt. Er wird mit einem Spachtel oder mit einem breiten Schraubenzieher so tief eingebracht, daß davor ein noch mit dauerelastischem Anschlußfugendichter auszufüllender Hohlraum mit etwa quadratischem Querschnitt verbleibt, der dann mit einer geeigneten Masse, zum Beispiel Sista-Anschlußfugendichter, ausgefüllt wird. Je nach Anschlagart bleibt diese dauerelastische Anschlußfugendichtung sichtbar oder wird vom anschließenden Beiputz überdeckt (siehe Abbildungen).

Beim Einputzen des Fensterrahmens ist darauf zu achten, daß Mörtelspritzer im Beschlagbereich und auf den Sichtflächen umgehend mit viel Wasser entfernt werden. Bei PVC-Fenstern ist wichtig, daß keine bituminösen Abdichtmassen verwendet werden, weil diese nicht mehr zu entfernende Verfärbungen des Kunststoffmaterials verursachen können.

Auf der Innenseite wird der Maueranschluß mit Hartschaumpaßstücken ausgefüttert und anschließend noch mit Steinwolle lückenlos ausgestopft, falls man den Hohlraum nicht mit Einkomponenten-Füllschaum (B2) ausschäumt. Zum Schluß wird der verbliebene Spalt zwischen Rahmen und Fensterlaibung beigeputzt, wobei auch hier Mörtelspritzer umgehend zu entfernen sind. Hilfreich kann hierbei auch vorheriges Abkleben des Rahmenmaterials sein.

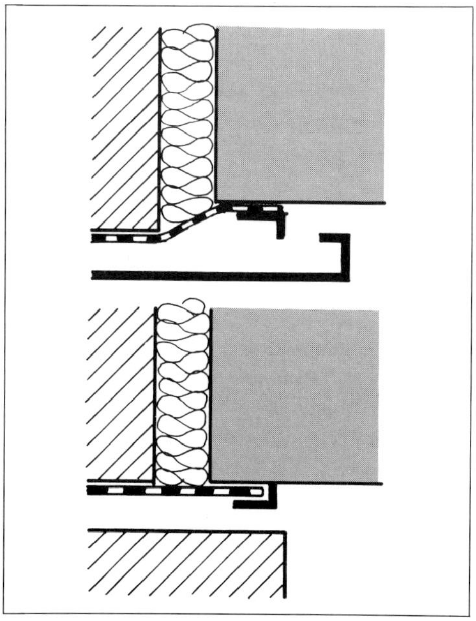

120 Zwei Beispiele für eine korrekte Ausbildung des Fensteranschlusses mit Bauabdichtungsfolie bei Bauwerken mit vorgehängter Fassade oder zweischaligem Mauerwerk.

Werden Fenster in Bauwerke mit zweischaligem Mauerwerk eingebaut, so liegt die Anschlußfuge zwischen Fensterrahmen und tragendem Mauerwerk üblicherweise hinter dem Vormauerwerk. Um zu verhindern, daß schräg einfallender Schlagregen hier eindringen kann, wird die Anschlußfuge mit einer Bauabdichtungsfolie überdeckt. Diese ist mit einem geeigneten Kleber am Rahmenprofil zu befestigen. Damit eine einwandfreie Verklebung sichergestellt ist, müssen die Rahmenteile im Bereich der Klebung frei von Fett und anhaftendem Schmutz sein.

Nachdem der Fensterrahmen eingebaut wurde, kann der Flügel wieder eingesetzt werden. Anschließend muß dann noch der korrekte Sitz des Flügels feinjustiert werden.

Dies geschieht bei Aluminiumfenstern von Hörmann durch einfaches Verstellen von zwei Elementen. Mit einer Einstell-

schraube auf der Profiloberseite des Fensterflügels kann der Flügel gehoben oder gesenkt werden, während der Anpreßdruck beim Schließen durch Verdrehen der Schließzapfen mittels Inbusschlüssel der Größe 4 erfolgt.
Beim Kunststoffenster läßt sich der Fensterflügel durch Verstellen der Inbus-Stellschraube an der Schere heben oder auch senken. Hierzu wird ebenfalls ein Inbusschlüssel der Größe 4 benötigt. Eine weitere Möglichkeit zur Höheneinstellung bietet sich nach Entfernen der Kunststoffkappe am unteren Band. Sie gibt den mit einem Inbusschlüssel Größe 4 drehbaren Schraubbolzen frei, der den Flügel hebt.
Der gleiche Schlüssel tritt auch in Aktion, wenn es darum geht, den Anpreßdruck im Scherenbereich zu regulieren. Hierzu wird das Fenster in Kippstellung gebracht und die Innensechskantschraube im oberen Rahmenbereich auf der Bandseite entsprechend eingestellt.
Auf der Verschlußseite wird der Anpreßdruck unten links eingestellt und gegebenenfalls bei Klappern in Kippstellung nachreguliert. Insgesamt läßt sich der Anpreßdruck durch Anheben und Drehen der Schließzapfen funktionsgerecht einstellen.

Vom Fenster zur Fensteranlage

Mit dem bloßen Fenstereinbau ist es in vielen Fällen keineswegs getan. Oft gilt es, nicht nur ein Fenster einzubauen, sondern es auch mit Rolladen und Fensterbank auszustatten oder eine große Fensteröffnung mit einer Fensterkombination zu schließen. Das Kuppeln von Fensterelementen erfolgt bei Kunststoffenstern, indem die mittlere Rahmennut mit Kleber eingestrichen und das Kupplungsprofil eingedrückt wird. Nun werden die beiden Rahmen fest zusammengeschoben und mit Zwingen fixiert, worauf die Versteifungslaschen aufgesetzt und mit selbstschneidenden Kreuzkopf-Senkschrauben aufgeschraubt werden können. Die Kupplung der Rahmenelemente erfolgt jeweils vor dem Einbau.
Bei Aluminiumfenstern unterscheidet man die Kupplungstechnik in der Horizontalen und in der Vertikalen.
In der Vertikalen werden zuerst die aufeinander abgestimmten Kupplungsteile in die senkrechten Aufnahmenuten der Rahmen eingehängt, worauf die beiden Rahmen so zusammengeschoben werden, daß die Kupplungsprofile ineinandergreifen. Durch ihre großzügige Verzahnung wird eine zuverlässige Abdichtung erreicht.
Bei horizontalen Rahmenverbindungen muß zunächst eine Silikonnaht in die äußeren Aufnahmen der Rahmenprofile gespritzt werden, bevor die Kupplungsprofile sowohl in die innere als auch in die äußere Aufnahme der Rahmenprofile eingelegt werden. Wenn beide Rahmen deckungsgleich aufeinandergesetzt sind, werden sie mittels mitgelieferter selbstschneidenden Schrauben fest miteinander verbunden.
Die einfache und zuverlässige Kupplung mit Zusatzprofilen, die problemlos in die äußeren Rahmenprofile eingehängt oder eingeklebt werden, erlaubt es, praktisch jedes Einbauproblem kompromißlos zu lösen. So können Hörmann-Kunststoffenster zum Beispiel durch ein aufzuklebendes Kastenprofil um 35 mm verbreitert werden, ebenso gibt es eine auf gleiche Weise mit dem Rahmen zu verbindende Futterleiste wie auch einen Kunststoffwinkel zum Überdecken von Anschlüssen.
Für Hörmann-Aluminiumfenster gibt es Verbreiterungsprofile von 20 oder 50 mm Höhe und Anschlußwinkel, die in die äußeren Rahmennuten eingehängt ein U-förmiges Umfassungsprofil für einen Anschluß an Glasbausteine bilden. Diese Profile werden mit ihrem Einhängeprofil in das äußere Rahmenprofil eingehängt und anschließend durch einen einfachen Klemmmechanismus fixiert. Hierbei werden zwei Kunststoffklemmstücke durch Verschieben gegeneinander verkeilt und drücken dabei die Anschlußprofile in die Aufnahmenut des Alurahmens.

Anbau einer Wetterbank

Unter der Bezeichnung Wetterbank versteht der Fachmann die äußere Fensterbank. Auch sie wird problemlos mit Aluminium- oder Kunststoffenstern verbunden, indem man die Wetterbank mit ihrem angeformten Kupplungsprofil beziehungsweise mit diesem und einem zusätzlichen Kunststoffprofil in das Fensterrahmenprofil einhängt und bei Alufenstern durch die erwähnten Kunststoffklemmstücke in Montageposition arretiert beziehungsweise bei Kunststoffenstern, das aufgesteckte Kunststoffprofil von unten in die entsprechende Rahmennut einklipst.
Für den Abschluß an den Enden der Wetterbank sorgen Endkappen. Sie werden auf der Unterseite mit einer Silikonkautschuknaht versehen und auf die Enden der Wetterbank aufgeschoben. Von unten aufgeklipste Kunststoffhalter fixieren die Endkappen in dieser Position. Für den vorderen Abschluß sorgen schließlich Kunststoffabschlußkappen, die zum Schluß von vorn aufgeschoben werden. Man kann die Wetterbank auch mit Ankern montieren. Diese werden auf der Unterseite in einen Profilsteg eingehängt und am Mauerwerk angedübelt.

Fenster mit angebautem Rolladen

Die praktische Kupplung von Fensterelementen erleichtert auch die Ausstattung von Kunststoff- wie auch von Aluminiumfenstern mit Rolladen und dies sowohl bei Einzelfenstern als auch bei aneinander anschließenden Fenstern, die eine mehrteilige Rolladenausführung erfordern.
Bei Kunststoffenstern werden die Zusatzelemente wie Rolladenführung mit Rolladeneinlauf und Rolladenkastenabdekkung aufgesetzt und mit diesem mittels eines mitgelieferten Klebers verklebt.
Während bei Einzelfenstern die Rolladenführungen über die seitliche Profilierung des Rahmens greifen und mit diesem verklebt werden, müssen bei mehrteiligen Rolladen die Rolladenführungen bündig auf die Rahmenaußenkanten geklebt werden. Bei Fenstern mit feststehenden Pfosten werden die vorgerichteten Doppelrolladenführungen bündig mit den Pfostenaußenkanten abschließend aufgeklebt. Abreiben der Klebeflächen mit feiner Stahlwolle sorgt für einen sicheren Klebeverbund. Dabei aber darauf achten, daß nicht über die Klebeflächen hinaus gearbeitet wird. Bei Aluminiumfenstern werden Rolladeneinlauf, Anschlußleiste und Rolladenführung wie bereits beschrieben in die dafür vorgesehenen Stege eingehängt und durch Verkeilen mittels Kunststoffklemmstücken fixiert. Die Rolladenführungen werden mittels Halteprofilen auf den Rahmen befestigt. Diese Profile werden im Abstand von 18,5 mm von der Profilinnenkante des Fensterrahmens angesetzt und mit selbstschneidenden, mitgelieferten Schrauben auf die Blendrahmenprofile aufgeschraubt. Gegen Verrutschen bei der Schraubmontage hilft Sekundenkleber, mit dem man das Halteprofil in Montageposition auf dem Rahmen anheftet. Nach dem Abbinden Montagelöcher bohren. Dabei Tiefenanschlag verwenden, um versehentliches Durchbohren des Rahmens auf der Innenseite auszuschließen. Nach Montage des Halteprofils kann die Rolladenführung aufgeklipst werden.
Bei mehrteiligen Rolladen werden die Halteprofile ebenfalls mit 18,5 mm Randabstand auf den Rahmen angeschraubt. Anschließend gibt man in die Kupplungsnut der Rolladenführungen eine dünne Silikonraupe, drückt das verbindende Alublech hinein und klipst die Rolladenführungen als Einheit auf die angeschraubten Halteprofile auf. Bei Fenstern mit feststehenden Pfosten sind die Halteprofile ebenfalls mit 18,5 mm Abstand von der Rahmenprofilkante anzuschrauben, bevor die Rolladenführungen aufgeklipst werden.

Das Dachgeschoß braucht Licht

121 Unterm Dach juchhe mangelt es oft an Licht. Ein verglaster Giebel sorgt für den notwendigen Lichteinfall.

Wohnen unterm Dach ist aktueller denn je. Immer häufiger wird ungenutzter Dachraum in gemütliche Wohnungen verwandelt und so das Haus mit seinem Raumangebot besser genutzt. Wohnen unterm Dach ist nicht nur eine kostengünstige Alternative, weil sich durch einen Dachausbau mit relativ geringem Aufwand Wohnraum schaffen läßt, es ist auch vor allem bei vielen jungen Leuten wegen seiner heimeligen Atmosphäre beliebt. Allerdings ist Wohnen unterm Dach auch nicht problemlos. So wird die Idylle unterm Dach häufig durch den meist langgestreckten Raum, der oft an einen D-Zug-Wagen erinnert, beeinträchtigt. Auch der Mangel an Tageslicht macht sich oft negativ bemerkbar. Deshalb sollte jeder, der vorhat, ein Dachgeschoß wohnlich auszubauen, der Frage des Lichteinfalls besondere Aufmerksamkeit schenken.

In der Regel wird man, wenn das Dach nicht von vornherein zur wohnlichen Nutzung gedacht war, für zusätzliche Fenster sorgen müssen. Dies ist allerdings nicht ohne weiteres möglich, denn die örtliche Bauordnung kann die Möglichkeiten des nachträglichen Fenstereinbaus ebenso einschneidend beschränken wie Einspruchsrechte von Nachbarn oder Miteigentümern des Hauses. Wer also Ausbaupläne schmiedet, tut gut daran, zunächst einmal zu prüfen, welche Fensterausstattung baurechtlich möglich ist.
Die Skala der technischen Möglichkeiten reicht von zusätzlichen Fenstern im Giebel über Dachflächenfenster bis zum Dacheinschnitt, der viel Licht unters Dach bringt, den Dachraum wirkungsvoll gliedert und zudem noch eine kleine Terrassenfläche bieten kann, falls die dafür benötigte Fläche sich vom Wohnraum abzweigen läßt.
Ein zusätzliches Fenster im Giebel vermeidet zwar die Probleme, die Dachflächenfenster naturgemäß mit sich bringen, nimmt aber dem ausgebauten Dach auch die ohnehin spärliche Stellfläche für normalhohe Möbel. Technisch kann das Giebelfenster zudem Schwierigkeiten bereiten, weil unter Umständen umfangreiche statische Maßnahmen notwendig werden, da der Giebel in der Regel den gesamten Dachstuhl trägt. So können der Fenstergröße hier durchaus Grenzen gesetzt sein.

122 Je nach den baulichen Verhältnissen ergibt sich auch die Möglichkeit, wie hier ein normales Wohnraumfenster einzubauen.

Beim zusätzlichen Fenster im Giebel kann man auf normale Kunststoff- oder Aluminium-Wohnraumfenster zurückgreifen. Je nach Lage des Fensters kann eine Ausstattung mit Rolladen ratsam sein, wenn zum Beispiel der Giebel zur Wetterseite weist oder auch eine extreme Sonneneinstrahlung zu erwarten ist.
Wer einen Neubau plant und das Dachgeschoß gleich in den Wohnraum einbezieht, kann bei entsprechender statischer Gestaltung des Giebels oder auch beider Giebel, wobei die Firstlast durch Pfeiler oder Pfosten aufgefangen wird, die Giebelfläche weitestgehend verglasen. Hier sind wiederum handelsübliche Kunststoff- oder Aluminiumfenster in Kombination mit Schrägelementen eine praktikable Lö-

a

b

c

123 a, b + c Eine ideale Lösung für das Fenster in der Dachschräge ist das Braas-Atelierfenster. Es fügt sich harmonisch in die Dachfläche ein, kann zum Lüften schräg aufgestellt, aber auch zu beiden Seiten zu etwa zwei Dritteln der Fensterbreite aufgeschoben werden.

sung. Wird hierbei auch mit festen Fensterflächen gearbeitet, sollte man sich Gedanken um die Reinigungsmöglichkeiten machen. Ein dem Giebel vorgelagerter Balkon ist hier zum Beispiel eine brauchbare Plattform, von der auch die höher gelegenen festen Fensterflächen zu erreichen sind. Wie bei allen großzügigen Verglasungen sollte man aber auch an die Notwendigkeit denken, bei Bedarf allzu starke Sonneneinstrahlung abschirmen zu können. Hier bieten sich zum Beispiel Raffrollos oder auch Lamellenstores als Lösung an. Bei ausgesprochener Südlage können auch Sonnenschutzgläser zur Lösung des Wärmeproblems beitragen.
Die Verwirklichung des Dacheinschnittes ist nur in Zusammenarbeit mit einem Dachdecker möglich, der den Einschnitt vornehmen, die Dachisolierung entsprechend anpassen und auch für eine den neuen Dachverhältnissen angepaßte Wasserführung sorgen muß. In der Regel wird es bei einem nachträglich eingebrachten Dachausschnitt auch notwendig sein, die Dachkonstruktion mit Stützen abzufangen und zwischen den Sparren zusätzliche Wechsel einzubauen, damit die Statik des Daches wieder stimmt.
Ob ein Dacheinschnitt überhaupt möglich ist, hängt neben den baurechtlichen Fragen vor allem davon ab, ob Dachneigung und Breite des Dachbodens dies vom Platz her überhaupt zulassen. Als Faustregel kann gelten, daß im Minimum etwa sieben Meter Dachbreite erforderlich sind, um einen Dacheinschnitt sinnvoll erscheinen zu lassen und zu verhindern, daß er

den Wohnraum allzusehr einengt. In der Regel wird man den Dacheinschnitt in voller Höhe verglasen, wozu sich Kunststoff- oder Aluminiumfenster in Verbindung mit Schrägelementen und Hebetüren anbieten, die zwischen Stützpfosten der Einschnittsbegrenzung gesetzt werden. Besonders wichtig ist in diesem Fall eine sehr zuverlässige Abdichtung am Fußboden, weil sich bei ungünstigen Wind- und Wetterverhältnissen unter Umständen erhebliche Regen- und Schneemengen im Dachausschnitt sammeln können. Aus diesem Grunde empfiehlt es sich, unter Umständen die Fenster- und Türelemente etwa 10 bis 15 cm oberhalb des Fußbodenniveaus beginnen zu lassen und die Abdichtungsfolie vom Balkonboden bis zum Fensteranschluß hochzuziehen.

Ebenso wie bei einer großzügigen Giebelverglasung lohnt sich bei einem Dacheinschnitt ein bißchen mehr in Sachen Wärmeschutz, weil Fensterflächen naturgemäß mehr Wärme durchlassen als massives Mauerwerk mit der heute üblichen Dämmung oder auch als ein korrekt gedämmtes Dach. So kann es sich durchaus bezahlt machen, alle Möglichkeiten des Wärmeschutzes bei der Wahl der Fensterelemente wie auch ihrer Verglasung auszuschöpfen.

Fenster in der Schräge

Dritte und wohl am häufigsten praktizierte Möglichkeit, das chronische Lichtdefizit

124 Wohnliche Atmosphäre und viel Licht bietet das vielseitige Atelierfenster, das sich auch wie hier in Reihe anordnen läßt.

125a

125b

125 a, b Reizvoll kann auch eine Anordnung im Geviert sein.

unterm Dach zu beheben, sind Fenster in der Schräge. In diesem Bereich ist die technische Entwicklung in jüngster Zeit weit fortgeschritten und bietet Lösungen in vielfältigen Variationen an, deren detaillierte Behandlung jedoch ein Buch für sich beanspruchen würde. Aus diesem Grunde wollen wir uns im Rahmen dieses Buches auf die derzeit wohl komfortabelste Dachfenster-Lösung beschränken, auf das Atelier-Fenster, das sich nicht nur zum Lüften anheben, sondern auch zu etwa zwei Dritteln seiner Breite seitlich verschieben und damit wirklich öffnen läßt, um auch den Hunger nach ungefiltertem Sonnenlicht zu stillen.

Die optimale Dachfensterlösung in Form des Atelier-Fensters wird von Braas in acht unterschiedlichen Größen von 54 × 90 bis 130 × 150 cm angeboten. Tatsächlich ist der Fensterspielraum jedoch weit größer, da soweit die Statik des Daches es zuläßt, die einzelnen Atelier-Fenster sich auch zu Gruppen nebeneinander wie auch übereinander kombinieren lassen, um so viel Licht, Luft und Sonne einzufangen.

Schmale Rahmen und große Glasflächen sorgen für optimale Funktion und eine attraktive Optik.

Zum Lüften kann man das Braas-Atelier-Fenster in zwei Stufen schrägstellen oder auch bis zum Anschlag heben. Diese Funktionen werden auch nicht beeinträchtigt, wenn man das Atelier-Fenster mit einer innenliegenden Lamellen-Jalousie, einem ebenfalls innen geführten Rollo oder einer auf der Außenseite anzubringenden Markise ausstattet. Das kleinste Atelier-Fenster im Format 54 × 90 cm kann sogar um 180° aufgeklappt werden und als Dachausstieg dienen, wenn zum Beispiel bei einem voll ausgebauten Dach sonst kein Ausstieg mehr für den Schornsteinfeger oder Dachdecker gegeben ist.

Mit einer Sonderausführung des Atelier-Fensters in der Größe 130 × 150 cm läßt sich sogar die bauaufsichtliche Forderung nach einem zweiten Fluchtweg erfüllen, denn es gibt, seitlich verschoben, eine lichte Öffnung von 90 × 129 cm frei, durch die jederzeit ein Ausstieg zum Beispiel im Brandfalle möglich ist. Die seitliche Verschiebbarkeit des Fensterflügels läßt das Sonnenlicht großzügig einfallen, ohne daß sein für die Gesundheit so wichtiger UV-Anteil durch das Glas abgeschirmt wird. Gleichzeitig erleichtert die Verschiebbarkeit nach rechts und links die Fensterreinigung. Im Sommer sorgen die beiseitegeschobenen Fenster für intensive Lüftung der zuweilen recht warmen Dachwohnung und machen das Domizil unterm Dach zum luftigfrischen Zuhause.

Das vielseitige Braas-Atelier-Fenster läßt sich praktisch bei allen Dachneigungen von 20 bis 80° einsetzen. Die beiden Größen 54 × 90 cm und 54 × 120 cm sind ideal für den Dachausbau bei Altbauten, da sie in nahezu alle vorhandenen Sparrenfelder passen und so keinerlei kostspielige Änderungen an der Sparrenstruktur des Dachstuhles erfordern. Neben- oder übereinander angeordnet bringen sie selbst bei Dächern mit engem Sparrenabstand viel Licht unters Dach.

Wieviel Licht man benötigt, ist eine Frage der Raumgröße und des persönlichen Empfindens, unter Umständen auch der Architektur des Daches. Als Faustregel rechnet man mit einer Fensterfläche von mindestens 10 bis 15 Prozent der Grundfläche der Dachwohnung.

Werden Atelier-Fenster in höheren Partien des Daches angeordnet, wo sie nicht mehr vom Fußboden aus erreichbar sind, kann man sie auch vom Boden aus fernbedienen. Dies geschieht entweder mit einer maximal 2,5 m langen Kurbelstange, womit über eine Spindel ein Öffnungshub von 300 mm erreichbar ist, durch einen bis zu 2,8 m langen Stab mit Haken zum Betätigen eines mit Schnäpper ausgerüsteten Fensters, oder, ganz elegant, mittels Elektromotor, der über eine Tastensteuerung das Fenster stufenlos bis zu einem Hub von 300 mm öffnet und schließt.

126 Sonnenschutz und Dekoration mit Jalousie und doppelt geführtem Vorhang.

Das patente Braas-Atelier-Fenster ist als einbaufertige Einheit komplett mit integriertem Eindeckrahmen zu haben und eignet sich so gut zum Selbsteinbau, der zügig und sicher von der Hand geht.

Der Eindeckrahmen garantiert eine sichere Verbindung mit der Dachfläche und macht zusätzliche Abdichtungsmaßnahmen überflüssig. Während der Flügelrahmen aus bronzebraun eloxierten Aluminiumprofilen besteht und serienmäßig mit einer Zwei-Scheiben-Isolierverglasung versehen ist, besteht der Eindeckrahmen aus glasfaserverstärktem Kunststoff. Imprägnierte Schaumstoffstreifen am Eindeckrahmen verhindern den Eintrieb von Flugschnee. Unten ist der Eindeckrahmen mit einer farblich angepaßten Schürze aus Weich-PVC ausgestattet. Diese ist mit einem eingeschweißten Metallband versehen und mit dem Grundrahmen fest verbunden.

Eine wartungsfreie Mechanik und ein kräftiges Zugfedersystem sorgen für eine

127 Wirkungvoll gegen pralle Sonne: die Außenmarkise.

Einbautips für Praktiker

Zur Montage des Braas-Atelier-Fensters muß die Dacheindeckung im Bereich der geplanten Fensterposition entfernt und

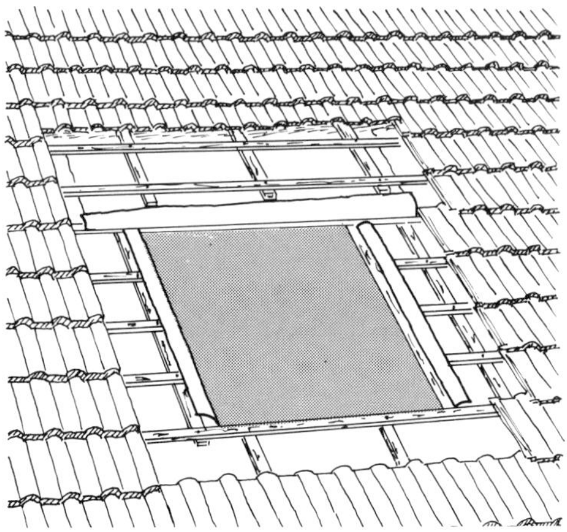

128 Wichtig für den Einbau eines Atelier-Fensters ist der funktionsgerechte Anschluß der Unterspannbahn. Die Folie wird sorgfältig nach Herstellervorschrift aufgeschnitten und rinnenförmig umgelegt.

leichte und dauerhaft funktionierende Betätigung des bis zu einem größten Öffnungswinkel von 60° zu öffnenden Atelier-Fensters, das bei Bedarf mit Sonnenschutz-, Wärmeschutz-, splittersicherem Sicherheits- oder auch Ornamentglas ausgestattet werden kann.
Selbstverständlich entspricht die Standard-Verglasung des Braas-Atelier-Fensters mit einem k-Wert von 1.4 W/M^{2}K der neuen, verschärften Wärmeschutzverordnung vom 1. 1. 1984.
Der k-Wert kann zur Abwehr allzu hoher Sonneneinstrahlung im Sommer wie auch zum Schutz gegen winterliche Außentemperaturen nicht nur durch Spezialverglasungen verbessert werden, sondern läßt sich auch durch eine nachrüstbare Jalousie mit Thermo-Stop-Lamellen verbessern.
Ein praktisches Extra für Bewohner mükkenreicher Gegenden ist die als Insektenschutz dienende Dekorgardine, die Licht und Luft hereinläßt, aber die geflügelten Plagegeister aussperrt.

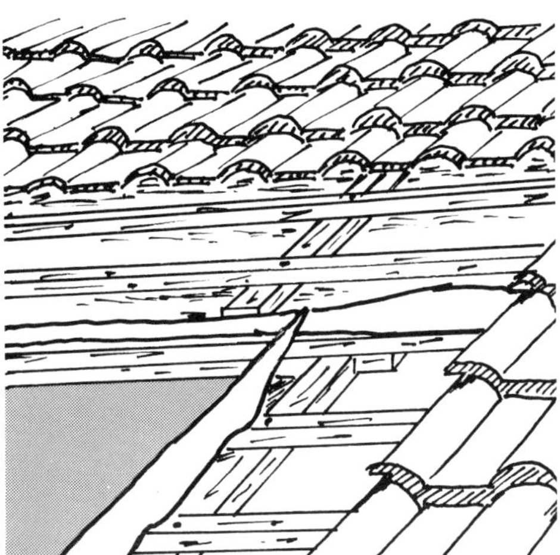

129 Die Anschlußausführung bei einem schmalen Fenster.

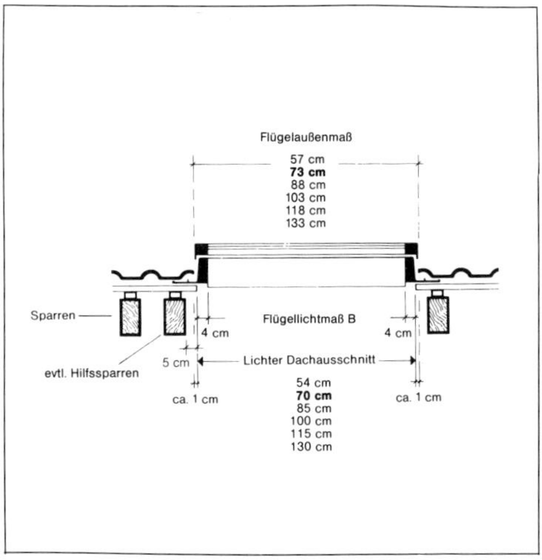

130 Diese Skizze zeigt die Einbauvoraussetzungen für Braas-Atelier-Fenster verschiedener Größen einschließlich eventuell notwendigem Hilfssparren.

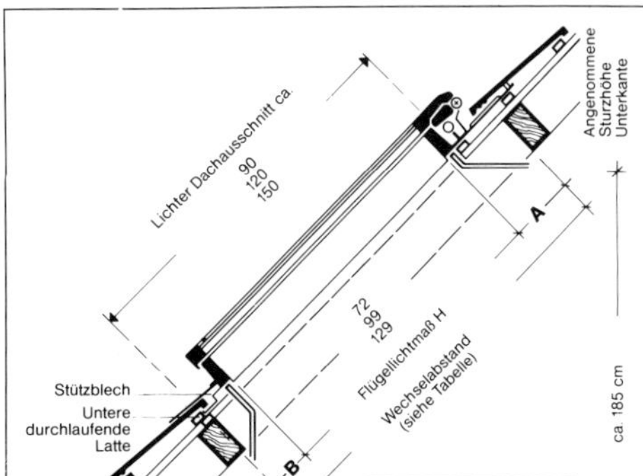

Dachneigung	Wechselabstand (cm) zu lichtem Dachausschnitt 120	150
20°	150	180
25°	145	175
30-35°	140	170
40°	135	165
45-50°	130	160
55-80°	125	155

131 Bei Dächern ohne Lattung ist das Stützblech des Atelier-Fensters zu entfernen. Dadurch verringert sich die lichte Höhe des Dachausschnittes um etwa 10 cm. Die Zeichnung verdeutlicht die Einbaumaßnahme. Während das Maß B von der Neigung des Daches unabhängig jeweils 15 cm beträgt, nimmt A mit zunehmender Dachneigung ab.

Sparrenneigung in Grad	*Maß A in cm*
20	*38*
25	*33*
30 bis 35	*28*
40	*23*
45 bis 50	*18*
55 bis 60	*13*
65 bis 80	*10*

die Lattung dem Fenstermaß entsprechend ausgeschnitten werden.
Allgemein entspricht die Größenbezeichnung, zum Beispiel 70/120, der Größe des notwendigen Lattenausschnittes.
Bei einem Fenstermaß von 70 × 120 cm sind also die Dachlatten in einer Breite von 70 cm auszuschneiden. Falls der Sparrenabstand wesentlich größer sein sollte, muß ein Hilfssparren eingebaut werden.
Die Höhenposition des Fensterausschnittes richtet sich nach der benötigten Kopffreiheit, die in unserem Einbaubeispiel mit 185 cm angenommen wurde (= Unterkante Sturzhöhe). Von der in dieser Höhe liegenden durchgehenden Dachlatte ausgehend wird am Sparren das aus dem Datenblatt entnommene Flügellichtmaß des Fensters, das in unserem Beispiel 99 cm beträgt, plus einem für alle Sparrenneigungen gleichen Zumaß von 15 cm nach unten abgetragen.
Falls das so abgetragene Maß nicht auf eine vorhandene Dachlatte fallen sollte, muß die Fensterposition so korrigiert werden, daß von der nächsthöheren oder nächsttieferen Latte ausgehend das Maß 99 + 15 = 114 cm nach oben am Sparren abgetragen wird. Dabei ist die tiefere Latte nur als Ausgangspunkt brauchbar, wenn auch in dieser Montageposition am Fenster die notwendige Stehhöhe (Kopffreiheit) gegeben ist.
Zur Stabilisierung müssen nun noch oberhalb und unterhalb des Dachausschnittes Querstreben, sogenannte Wechsel, zwischen die Sparren gesetzt werden. Ihre

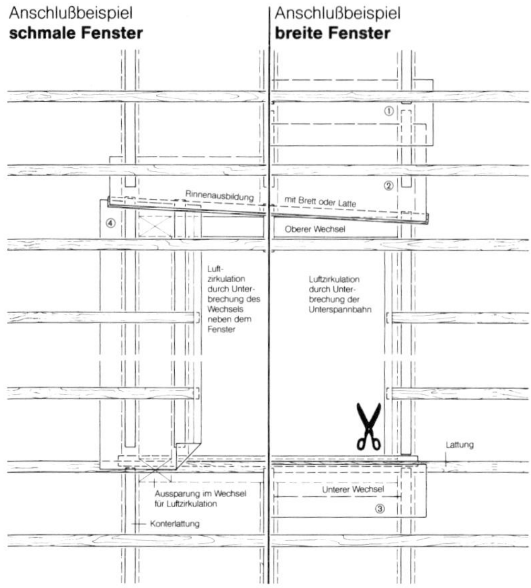

132

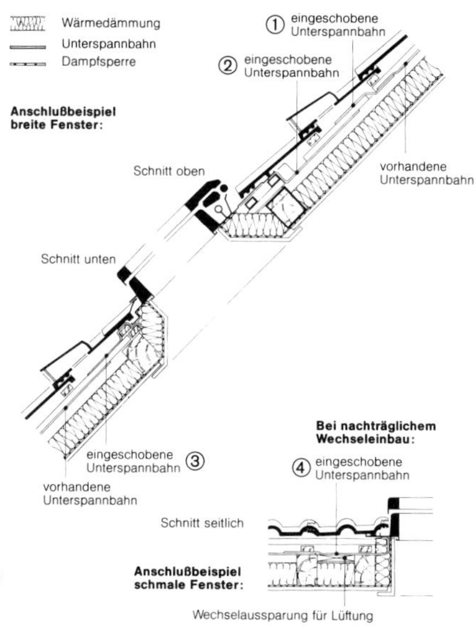

133

132 So erhalten Sie einen perfekten Anschluß der Unterspannbahn bei schmalen wie auch bei breiten Fenstern. Schnitt- und Umklapplinien am besten mit verschiedenfarbigem Filzschreiber markieren! Dann kann nichts schiefgehen. Überlappend eingeschobene Spannbahnstreifen werden durch Antackern gegen Verschieben gesichert.

133 Den lüftungswirksamen Anschluß der Unterspannbahn und die korrekte Wärmedämmung zwischen den Sparren illustriert diese Skizze. Dampfsperre nicht vergessen!

Stärke entspricht der Dicke der Dachsparren, so daß sie mit diesen ebenflächig abschließen. Zur kraftschlüssigen Verbindung dienen im Fachhandel erhältliche Verbindungsbleche, die einfach über die Verbindungsstellen genagelt werden.
Der untere Wechsel wird 2 cm oberhalb der unteren durchgehenden Dachlatte zwischen die Sparren gesetzt. Der obere Wechsel hat in unserem Beispiel bei einer angenommenen Dachneigung von 45° einen Abstand von 130 cm vom unteren Wechsel. Dieses Maß ergibt sich aus dem Flügellichtmaß von 99 cm plus dem neigungsunabhängigen Zumaß (B) von 15 cm abzüglich 2 cm plus dem neigungsabhängigen Zumaß A, das bei 45° Dachneigung 18 cm beträgt.
Damit ergibt sich folgende Rechnung:
99 + (15 – 2) + 18 = 130 cm.

Für die übrigen Fenstergrößen ist der Wechselabstand bezogen auf Dachneigung und lichten Dachausschnitt der Tabelle in nebenstehender Zeichnung zu entnehmen.
Zwischen Dachlatten und Dachsparren liegt bei neueren Häusern wie auch bei vielen Althäusern, deren Dach in jüngerer Zeit einmal neu gedeckt wurde, eine sogenannte Unterspannfolie, die Flugstaub, Treibschnee und Feuchtigkeit vom Dachboden fernhält.
Wenn eine solche Folie vorhanden ist, muß sie, wie unsere Skizzen zeigen, mit einer Schere oder einem scharfen Cuttermesser aufgeschnitten werden.
Rings um den Ausschnitt wird die Öffnung mit Streifen aus Unterspannbahnfolie eingefaßt, die am Eindeckrahmen anzukleben sind.
Damit die Bauphysik des Daches stimmt, ist eine Belüftung zwischen Unterspannbahn und mit Luftspalt darunter angeordneter Dämmung notwendig. Sie wird bei breiten Fenstern sichergestellt, indem man die vorhandene Unterspannfolie mit einem eingeschobenen und verklebten Streifen auf Abstand über den mit dem Eindeckrahmen verbundenen Streifen der

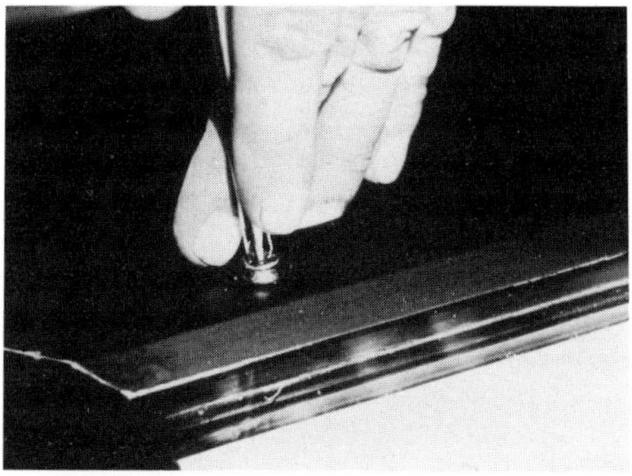

134 Zum Herausnehmen des Glasrahmens werden diese Schrauben gelöst. Dann läßt sich der Rahmen vorsichtig hochheben ...

Unterspannbahn führt, wie es die Schnittzeichnung demonstriert. Bei schmalen Fenstern wird der Wechsel neben dem Fenster ausgespart, um so eine Lüftungspassage zu schaffen.
Um durch Kondensation gebildete Feuchtigkeit funktionsgemäß über die Unterspannfolie der Dachrinne zuzuleiten, wird die Einschubfolie oberhalb des Fensters rinnenförmig umgeschlagen (siehe Zeichnung Seite 122), wodurch das Wasser seitlich am Fenster vorbeigeführt wird und sich nicht stauen kann. Ein Gefälle zu einer Seite leitet das Wasser zuverlässig ab.
Um sich beim Einbau größerer Atelier-Fenster die Montage zu erleichtern, kann man den Glasrahmen demontieren. Dies geschieht durch Lösen der Halteschrauben, worauf sich der Glasrahmen nach leichtem Anheben bei auf dem Boden liegendem Eindeckrahmen in Richtung Rahmenoberkante herausziehen läßt. Wichtig ist, daß nun das Fenster nicht eher geöffnet werden darf, als der Glasrahmen wieder eingebaut ist. Dies geschieht nach Einbau des Fensters, indem der Glasrahmen nach vorherigem Reinigen aller Dichtflächen von etwaigen Fremdkörpern unten in den Flügelrahmen eingesetzt und anschließend vorsichtig gegen den Flügel-

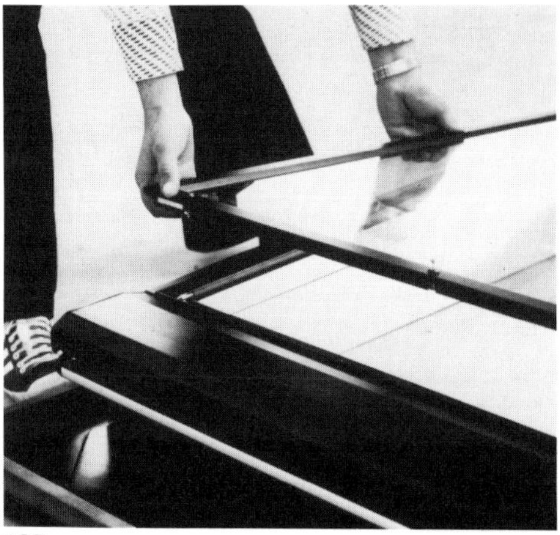

135

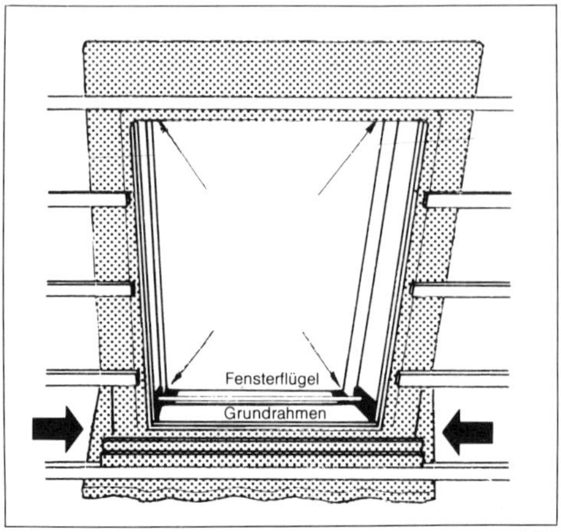

138

136

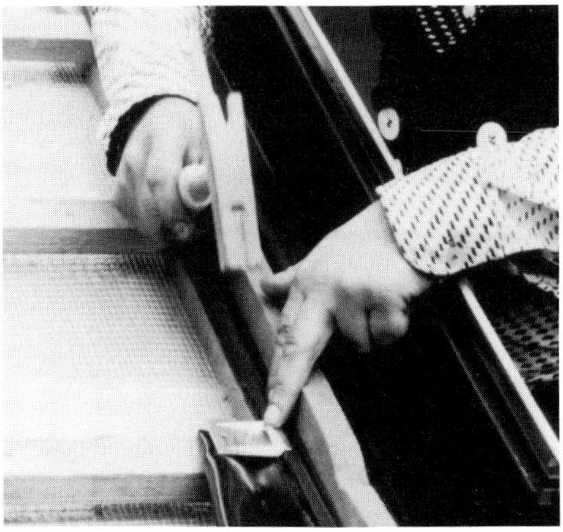

139

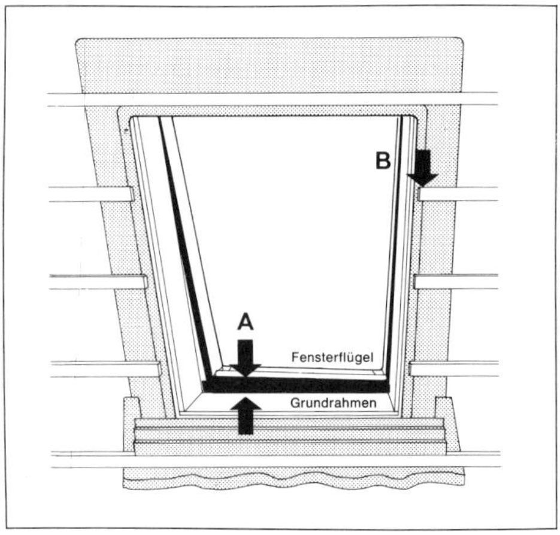

137

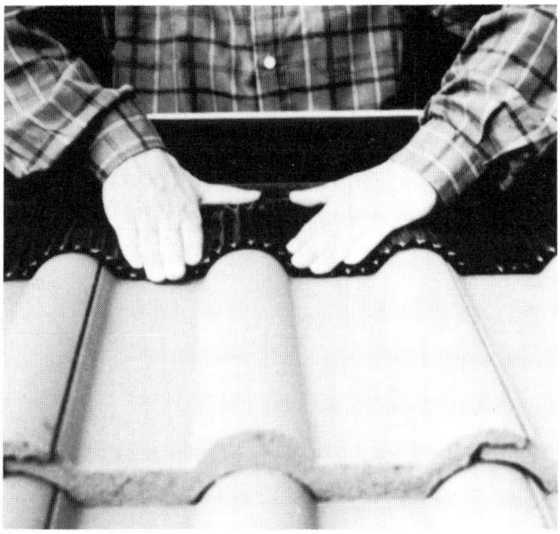

140

135 ... und in Pfeilrichtung über die Fensterkante herausnehmen.

136 Zum groben Fixieren des Fensters dienen Ankerschienen oder Eindrehanker, die hier an den Sparren angenagelt werden. Sie lassen Bewegungsspielraum für die spätere genaue Ausrichtung.

137 Das provisorisch eingebaute Atelier-Fenster kann erst probeweise betätigt werden, nachdem der möglicherweise zum Einbau herausgenommene Glasrahmen wieder eingesetzt wurde. Dann kann das Klebeband von der Griffstange entfernt und nach Lösen der Griffsicherung das Fenster probeweise betätigt werden. Zwei Rasten sichern die Griffstange in der geschlossenen Position wie auch in der kleinen Lüfterstellung.

138 Vor der endgültigen Montage sind die Diagonalmaße zu überprüfen. Sie müssen gleich sein. Bei Abweichungen Ausgleich durch Verschieben des Rahmens in Pfeilrichtung!

139 Die endgültige Rahmenbefestigung erfolgt nun mit den mitgelieferten Haften. Nun kann auch erstmals die Schiebemechanik probeweise betätigt werden.

140 So wird die noch mit Schutzstreifen versehene Schürze an die untere Pfannenreihe angeformt. Dann Schutzstreifen abziehen und Schürze andrücken.

---

rahmen abgesenkt wird. Dabei muß der Glasrahmen unten mit seiner angeformten Profilnase in die entsprechende Aussparung im Flügelrahmen einrasten. Erst nach endgültiger Befestigung des Fensters werden zum Schluß die Halteschrauben des Glasrahmens wieder festgedreht.

Die Montage des Fensters erfolgt mit Ankerschienen oder Eindrehankern beziehungsweise beim kleinsten Atelier-Fenster mittels seitlichen Bändern.

Die Befestigungselemente werden in Montageposition gebracht und mit Nägeln fixiert. Sie lassen danach aber noch einen gewissen Bewegungsspielraum für eine spätere genaue Justierung des Fenstersitzes zu.

Falls der Glasrahmen aus Gewichtsgründen zur Montage ausgebaut wurde, ist nach der Fixierung des Fensters der Zeitpunkt zum Wiedereinbau der Verglasung gekommen. Zur Funktionsprüfung und Justierung des zunächst provisorisch fixierten Atelier-Fensters wird nun die mit Klebeband arretierte Griffstange durch Entfernen der Klebebänder funktionsfähig gemacht. Außerdem ist zu prüfen, ob die Griffsicherung gelöst ist.

Nun kann das Fenster auf einwandfreies Öffnen und Schließen geprüft werden. Dabei muß der Fensterflügel beim Schließen parallel zum Grundrahmen (A) stehen und die Griffstange rechts und links gleichmäßig auf der mit Rasten versehenen Schließplatte aufliegen. Falls diese Bedingungen nicht erfüllt sind, muß der Grundrahmen zum Beispiel durch Unterkeilen auf der Gegenseite des klaffenden Fensterflügels ausgerichtet werden. Ist dieser Fehler behoben, werden zunächst die oberen Eindrehanker endgültig befestigt.

Danach ist noch zu prüfen, ob der Rahmen nicht verkantet ist. Hierzu sind die Diagonalmaße zu nehmen. Wenn diese voneinander abweichen, muß der Grundrahmen unten nach rechts oder links gedrückt werden, bis beide Diagonalmaße übereinstimmen. Damit ist auch der Zeitpunkt zur endgültigen Befestigung gekommen. Hierzu wird das Fenster am Eindeckrahmen mit als Zubehör mitgelieferten Klammern, sogenannten Haften, gesichert. Diese greifen über das Außenprofil und werden mit Nagelschrauben auf den Dachlatten befestigt.

Jetzt kann auch erstmalig die Schiebemechanik betätigt werden. Dabei soll sich das Fenster leicht auf etwa zwei Drittel der lichten Breite sowohl nach rechts als auch nach links schieben lassen. Mehrmaliges kräftiges Durchschieben macht das Fenster gängig, falls es nicht auf Anhieb leicht beweglich sein sollte.

Zum Schluß erfolgt der vorschriftsmäßige Dachanschluß. Dabei wird zunächst die Dachfläche unterhalb des Fensters wieder

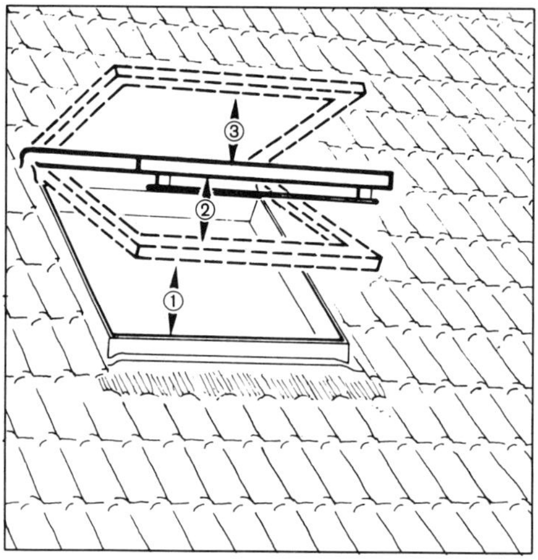

141 ***A** Der Öffnungswinkel der Braas-Atelier-Fenster ist werkseitig für Dachneigungen von 20–30° eingestellt. Für steilere Dachneigungen läßt sich der Öffnungswinkel individuell einstellen. Dabei sind drei Positionen zu beachten. Der Öffnungswinkel (1) wird automatisch durch Federkraft erreicht. Durch manuelles Anheben läßt sich das Fenster weiter – zum Beispiel bis zur Horizontalen – öffnen. Bei versehentlichem Anheben über die Horizontale hinaus sollte man den Flügel bis zum Endanschlag heben, ihn darauf schließen und den Einstellungsvorgang wiederholen.*

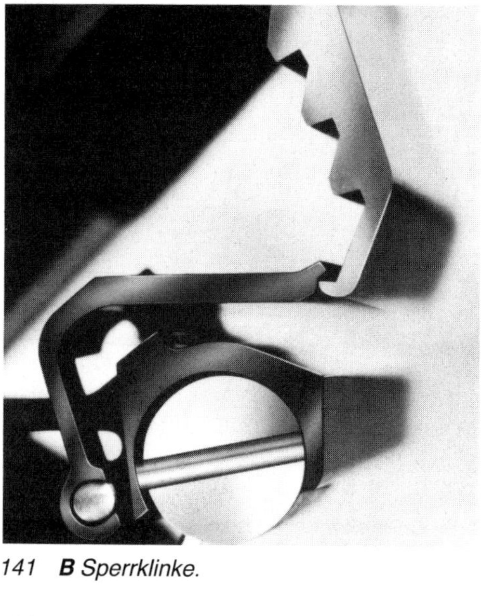

141 ***B** Sperrklinke.*

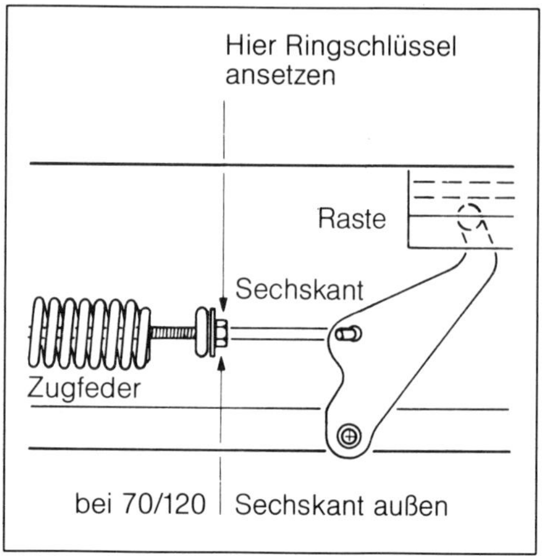

142 Zur Feinregulierung besitzen die Atelier-Fenster einen Sechskant, der durch Drehen die Federspannung steigert (Rechtsdrehen) oder verringert (Linksdrehen).

eingedeckt und die am Fenster angebrachte Schürze heruntergeklappt. Dabei sollte der Schutzstreifen noch nicht entfernt sein. Von der Mitte ausgehend wird das Profil nun mit den Händen dem Profil der Dachpfannen gleichmäßig nach rechts und links angepaßt. Erst dann wird der Schutzstreifen entfernt und die Schürze angedrückt. So wird ein sauberer Abschluß zur Dacheindeckung erreicht.
Wer zum Wiedereindecken keinen Dachdecker bemüht, sollte darauf achten, daß die Aufhängenasen der Dachpfannen, die auf dem Eindeckrahmen liegen, vor dem Auflegen der Pfannen abgeschlagen werden müssen. Wichtig ist auch zu beachten, daß der Anschluß an das Fenster stets mit ganzen Dachsteinen erfolgen muß. Etwa notwendige halbe Steine werden vor den ganzen eingedeckt. Ein besonders ansprechendes Aussehen erreicht man bei Verwendung von Schlußsteinen im Anschluß an das Fenster.

Schließlich bleibt nur noch die richtige Einstellung des Öffnungswinkels entsprechend den jeweiligen Einbaugegebenheiten.
Im Lieferzustand sind Braas-Atelier-Fenster für Dachneigungen von 20 bis 30° eingestellt. Bei steileren Dächern wird der Öffnungswinkel bauseitig eingestellt. Dies geschieht beim Atelier-Fenster 54/120 durch Verstellen der beiden Schrauben am oberen Beschlag.
Bei den größeren Atelier-Fenstern erfolgt die Einstellung folgendermaßen: Die geringe Öffnung zum bloßen Lüften erfolgt automatisch durch die Kraft der eingebauten Öffnungsfelder, gegen deren Kraft das Fenster manuell zu schließen ist. Der zweite, wichtige Öffnungswinkel ist die Horizontale, die je nach Dachneigung individuell einzustellen ist. Hierzu wird der Flügel manuell bis zur Horizontalen angehoben. In Horizontalstellung ist auf gleichmäßiges, beidseitiges Einrasten der Sperrklinke zu achten. Ist dies nicht der Fall, erfolgt die Korrektur mit einem Schraubendreher beim Hochrasten des Fensters.
Wird der Flügel beim Einstellen versehentlich über die Horizontale hinausbewegt, so öffnet man ihn kurzerhand bis zum Anschlag, um ihn dann zu schließen und den Flügel zur Einstellung wieder in die Horizontale zu bewegen.
Darüber hinaus ist auch noch eine anschließende Feinregulierung mittels eines Ringschlüssels (Nr. 17 oder 19 je nach Fenstergröße) am Sechskant zwischen Zugfeder und Raste möglich. Dies ist nötig, wenn der Fensterflügel aufspringt. In diesem Falle verringert Linksdrehen des Sechskantes die überschüssige Federkraft. Sollte der Fensterflügel hingegen zufallen, wird der Sechskant zur Steigerung der Federkraft nach rechts gedreht.

143 Blick auf das Fenster in Horizontalstellung. Am oberen Rahmen erkennt man die justierbare Zugfeder.

143a Braas-Atelier-Fenster sorgen in diesem gemütlichen Wohnraum für ausreichenden Lichteinfall und gute Belüftung.

Tore für Garage und Grundstück

Ohne den Bereich der Garagen- und Einfahrtstore zum Grundstück wäre das Thema Bautenabschlüsse nur unvollständig behandelt. Häufig werden gerade diese Abschlüsse ganz zum Schluß eingebaut, und so manche Garage ist über lange Zeit ein Haus der »offenen Tür«, weil die Ausstattung der Garage bei vielen Bauherren an letzter Stelle rangiert. Sie wird oft erst in Angriff genommen, wenn sich die Finanzlage wieder etwas entspannt hat. Selbst wenn die Torausstattung aus dem einen oder anderen Grund vielleicht noch nicht aktuell sein sollte, lohnt es sich dennoch, frühzeitig über die Torwahl nachzudenken. Dabei spielen nicht nur gestalterische Aspekte eine wichtige Rolle, sondern auch die Praxis, denn es gibt für den Garagenabschluß höchst unterschiedliche Lösungen, die bei

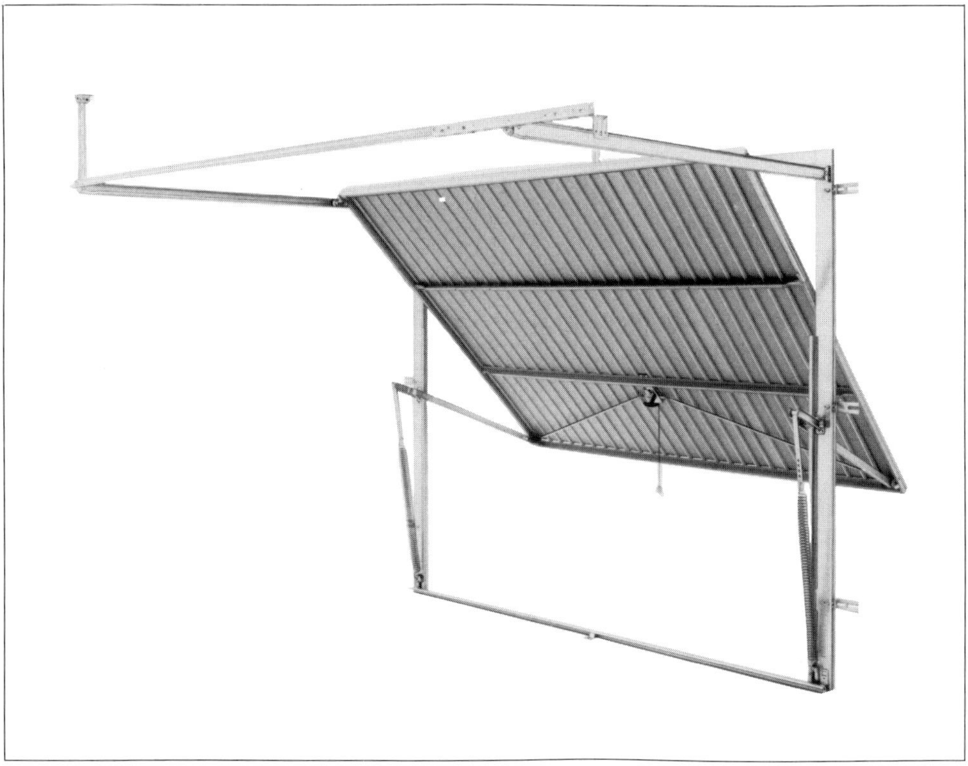

144 Europas meistgekauftes Schwingtor ist das Berry-Tor, dessen technischen Aufbau dieses Foto verdeutlicht.

richtiger Torwahl auch manches Problem, zum Beispiel einer ungünstig in der Straßenflucht liegenden Garageneinfahrt, ausräumen können.

Das Schwingtor

Das wohl am weitesten verbreitete Garagentor ist das Schwingtor, dessen populärster Vertreter das in mehr als 13 Millionen Stück in Europa verkaufte Berry-Tor darstellt.

Dieses so erfolgreiche Garagentor wird seit über 30 Jahren gebaut und steht in verschiedenen Ausführungen zur Wahl.

Neben der Grundausführung mit vertikal gesicktem Torblatt aus feuerverzinktem, lackierfreundlich kieselgrau (RAL 7032) grundiertem Stahlblech gibt es das Berry-Tor auch mit Kunststoffolienbeschichtung im Teak-Look wie auch mit einer attraktiven Stahlfüllung in Kassettenprägung. Für Tiefgaragen, die eine große Zwangsbelüftung erfordern, gibt es das Berry-Tor auch mit gelochter Stahlblechfüllung.

Liebhaber echten Holzes können das Tor auch mit einer werkseitig montierten Füllung aus Profilbrettern in Oregon-Pine Rifts oder auch in Nordischer Fichte erhalten.

Zur individuellen Torgestaltung gibt es das Berry-Tor schließlich auch noch als Rahmenkonstruktion zur bauseitigen Füllung mit Kassetten oder Nut-Feder-Brettern, wobei lediglich zu beachten ist, daß die vorgesehene Füllung nicht schwerer als 7 kg/m^2 sein darf.

145 In vielfältigen Ansichten präsentiert sich das Berry-Tor und erlaubt so eine perfekte Anpassung an die Gegebenheiten des Bauwerkes – hier eine Garagenanlage mit Stahl-Torblatt in Kassettenprägung.

Wie die Bezeichnung »Schwingtor« erkennen läßt, öffnet ein solches Tor in einer halbkreisförmigen Schwenkbewegung, wobei das Torblatt im geöffneten Zustand unterhalb des Torsturzes praktisch waagerecht liegt, nicht zu verwechseln oder gleichzusetzen mit einem »Kipptor«, welches nicht ausschwingt, also in den Raum fällt und dann bei großem Platzbedarf an der Innenleitung steigt, schließlich auch waagerecht unter der Decke im Raum liegt. Im Normalfall wird das Tor hierbei mit geräuscharm laufenden Kunststoffrollen in seitlichen Deckenlaufschienen geführt. Falls dies aus bautechnischen Gründen nicht möglich sein sollte, kann man auch die Berry-Variante S 80 wählen, die ohne Deckenlaufschienen auskommt und geöffnet ebenfalls unter der Decke liegt.

Wer ein Tor in eine bereits fertiggestellte Garage einbauen muß, kann auch bei von üblichen Maßen abweichenden Toröffnungen in den meisten Fällen auf ein serienmäßiges und somit ab Lager lieferbares Berry-Tor zurückgreifen, weil sein besonders breiter Rahmen auch den Einbau hinter der Türöffnung erlaubt und so eine beachtliche Variationsbreite hinsichtlich der Einbaumaße gegeben ist. Im Normalfall wird das Tor in der Toröffnung eingebaut, wobei wiederum die praktische Wahl zwischen Maueranker und Dübelmontage gegeben ist.

Serienmäßig gibt es Hörmann-Berry-Tore in Breiten von 2250 mm bis 3000 mm für Einzelgaragen und von 3000 bis 5000 mm

146 Zum Landhaus-Look des Hauses paßt das Berry-Tor mit Holzfüllung. Die Nebentür zur Garage zeigt die gleiche Füllung (siehe auch Seite 82).

für Doppelgeragen. Die Höhe kann bei Toren für Einzelgaragen zwischen 1950 und 2500 mm und von 2000 bis 3000 mm bei Doppelgaragen gewählt werden.
Die größeren Höhen sind besonders für Besitzer von Fahrzeugen interessant, die häufig mit Dachträgern ausgestattet werden, um zum Beispiel ein Boot oder anderes voluminöses Sportgerät zu transportieren. Eine ausreichend hoch geplante Garage nebst entsprechendem Tor erspart zuweilen das Abladen. Auch wer ein Wohnmobil besitzt oder anschaffen möchte, sollte dies bei der Garagenplanung berücksichtigen und Garagen- wie auch Torhöhe entsprechend wählen.
Wer ein großes Tor wählt oder sich für eine relativ schwere Füllung entscheidet, braucht übrigens nicht zu befürchten, zur Betätigung des Tores ein besonderes Krafttraining aufnehmen zu müssen. Bei ordnungsgemäßem Einbau müssen sich Qualitäts-Tore unabhängig von Größe und Gewicht problemlos von Hand bedienen lassen. Feder- und Gewichtsausgleich und eine funktionsgerechte Konstruktion sorgen für eine leichte Betätigung.
Vielfach ist die Garage nicht nur durch das Garagentor zugänglich, sondern auch mit einer zusätzlichen Eingangstür versehen,

die oft zum Garten weist, weil die Garage häufig ja auch Lagerplatz für das diverse Gartengerät ist. Manchmal zeigt die Garagentür aber auch zur Garagenfront oder ist seitlich angebracht. Um ein harmonisches Gesamtbild zu erreichen, ist es von Vorteil, die Garagentür so zu wählen, daß sie sich ihrem Umfeld angleicht. Aus diesem Grunde gibt es passend zum Berry-Tor Garagen-Nebentüren, deren Füllung den verschiedenen Ausführungen des Garagentores entspricht.
Die Garagentüren werden als einbaufertige Türelemente geliefert und sind rechts/links verwendbar (siehe Seite 35). Sie sind ferner durch 180°-Drehung in eine andere Aufschlagsart zu variieren. Bei durchlaufendem Boden (ohne Anschlag) kann der Verbindungswinkel an der Unterseite der Zarge leicht mittels Drehbewegung mit einer Zange entfernt werden.
Ein nicht unwichtiger Gesichtspunkt bei der Türmontage, die wie auf Seite 35 ff. beschrieben erfolgt, ist die Öffnungsrichtung der Garagentür. Wenn das Fahrzeug die Garage fast vollständig ausfüllt, sollte man die Tür nicht nach innen, sondern nach außen öffnend einbauen, denn nur so kann sie im Notfall als Fluchttür dienen. Außerdem braucht man sich beim Betreten der Garage nicht durch einen engen Spalt zu zwängen, weil der Wagen vielleicht bis in unmittelbare Türnähe reicht und kein volles Öffenen zuläßt.

Serienmäßig wird die Hörmann-Garagentür für Innenanschlag und nach innen öffnend geliefert. Soll die Tür jedoch mit Außenanschlag und nach außen öffnend eingebaut werden, sind die Beschläge entsprechend umzuschrauben. Dies geschieht bei der mit nach oben weisender Innenseite auf dem Boden liegenden Tür. Zum Abschrauben der Bänder wird die Tür geöffnet. Nach Wenden des Türblattes, wobei die Innenseite wieder nach oben weisen muß, werden die Bänder wieder angeschraubt. Im Schloßbereich ist später die jeweils richtige Bohrung für den Schließzylinder und Drücker zu wählen.

Und so wird ein Schwingtor richtig eingebaut

Für eine stets einwandfreie Funktion des Garagentores ist eine entsprechend sorgfältige Montage unabdingbar. Dabei sind einige Bedingungen zu beachten. Bei Einzelgaragen ist zur Montage eines manuell zu betätigenden Berry-Tores eine Sturzhöhe von mindestens 50 mm notwendig. Dies gilt sowohl für die Ausführung N 80 mit Deckenlaufschienen als auch für die Version S 80 ohne Laufschienen.
Soll das Tor sofort oder auch später einmal mit elektrischem Antrieb ausgestattet werden, muß zwischen Unterkante Sturz und Unterkante Garagendecke mehr Platz sein. Für ein Tor mit Deckenlaufschienen sind in diesem Fall 80 mm Sturzhöhe, bei der Ausführung ohne Deckenlaufschienen sogar 120 mm Freiheit nötig.
Bei Doppelgaragen, die als Abschluß ein Tor des Typs DF 80 erhalten, wird bei manuell zu bedienendem Tor eine Mindeststurzhöhe von 80 mm, bei elektrischer Torbetätigung eine solche von 120 mm benötigt.
Während beim Einbau hinter der Toröffnung durch den breiten, feuerverzinkten Torrahmen ein beachtlicher Maßausgleich möglich ist, muß das Tor bei Montage in der Toröffnung genauer abgestimmt werden. Falls Normtormaße und lichte Toröffnung nicht übereinstimmen, ermöglichen Maßausgleichsblenden, die auch größere Abstände zwischen lichtem Fertigmaß der Toröffnung und dem Rahmenaußenmaß des Tores abdecken, eine Anpassung. Eine präzise Abstimmung von Tormaß und Toröffnung ist aber auch durch ein in Sondergröße bestelltes Tor möglich.
Wichtig für die Montage ist auch, ob das Tor mit oder ohne unteren Anschlag eingebaut werden soll.
Gleich, ob das Tor nun in oder hinter der Öffnung angeschlagen wird, muß für einen Einbau mit unterem Anschlag zuerst das Tor montiert sein, bevor der Est-

rich in die Garage eingebracht werden kann. Bei dieser Montageart entspricht der Abstand Oberkante fertiger Fußboden (OFF) bis zur Unterkante des Torsturzes dem lichten Höhenfertigmaß des Tores. Dabei beträgt die Dicke des Estrichs mindestens 30 mm. Wird ein Tor ohne unteren Anschlag gewünscht, erfolgt der Toreinbau nach Einbringen des Estrichs. In diesem Fall muß der Abstand OFF bis Unterkante Sturz 25 mm größer sein als das in der Datentabelle angegebene Höhenfertigmaß oder genormte Bau-Richtmaß.

Montagepraxis

Viele Händler bieten nicht nur Tore, sondern zugleich auch einen Einbauservice gegen entsprechendes Entgelt an. Wenn kein Einbau durch Fachmonteure angeboten wird oder man als geschickter Heimwerker sich die Montage auch in eigener Regie zutraut, so ist die Eigenmontage durchaus möglich. Hierzu sollte man mit Zollstock, Wasserwaage, Schlagbohrmaschine, Schraubenschlüssel und Schraubendreher umzugehen wissen.

An Werkzeug benötigt man eine leistungsfähige Schlagbohrmaschine mit 10-mm-Steinbohrer, einen 10er- und einen 13er-Maulschlüssel, eine Wasserwaage, einen Zollstock und einen kräftigen Schraubendreher mit 7 mm breiter Klinge. Zum Verkeilen des Tores ist ein leichter Hammer notwendig. Eventuell werden auch noch Hammer und Meißel benötigt, um vorstehende Mörtelnasen abzuschlagen oder bei durchgehendem Estrich die Rahmenfüße des Tores in den Estrich einzulassen.

An Montagematerial werden außerdem benötigt: 10-mm-Dübel, die auf den jeweiligen Verankerungsgrund (Beton, Mauerwerk, Bims, Hohlkammer- oder Hohlblocksteine oder gar Gasbeton) abzustimmen sind, und dazu passende Befestigungsschrauben. In festen Baustoffen wird man mit Fischer-Dübeln S 10 und Schrauben 8 x 50 mm auskommen.

Die Montage beginnt mit dem Einbau des Torgriffes, der von außen mit einem Vierkant durch die Schloßnuß geführt wird. Von innen wird dann der Knebelgriff aufgesteckt und mittels der zugehörigen Schraube festgeschraubt.

Für den Transport sind Torblatt und Rahmen durch Transportsicherungen miteinander verbunden. Diese mit Blechschrauben angebrachten Sicherungen sind nun vor dem Einbau abzunehmen. Die Schrauben werden anschließend zur Befestigung der Universalanker an den Deckenlaufschienen benötigt und sind deshalb aufzubewahren.

Das so vorbereitete Tor wird nun in oder hinter die Garagenöffnung gestellt und mit Zollstock und Wasserwaage grob ausgerichtet. Holzkeile fixieren den Torrahmen in dieser Position.

Falls der Estrich bereits eingebracht ist, muß er zur Aufnahme der Rahmenfüße etwa 5 mm tief ausgestemmt werden.

In der grob abgestimmten Montageposition wird nun der Torrahmen mit dem mittleren seiner insgesamt drei Anker am oberen Rahmenholm provisorisch am Torsturz oder an der Garagendecke befestigt. Nun können die Laufschienen hochgeklappt werden. Sie sind sicher abzustützen und so einzurichten, daß sie am Ende ein Gefälle von 30 mm gegenüber ihren Anlenkungspunkten am Torrahmen aufweisen. Um Fehlmessungen infolge Garagenbodengefälles auszuschließen, tut man gut daran, die Laufschienen zunächst mit der Wasserwaage genau horizontal auszurichten, diese Position an der Stützkonstruktion zu markieren und die Schienen dann 30 mm tiefer zu fixieren.

Bevor die endgültige Montage des Torrahmens und der Laufschienen erfolgen kann, muß zunächst noch einmal kontrolliert werden, ob der Abstand zwischen Torblatt und Torrahmen beziehungsweise den Torpfeilern auf beiden Seiten gleich breit ist. Dies ist von außen zu kontrollieren und bei Abweichungen entsprechend zu korrigieren.

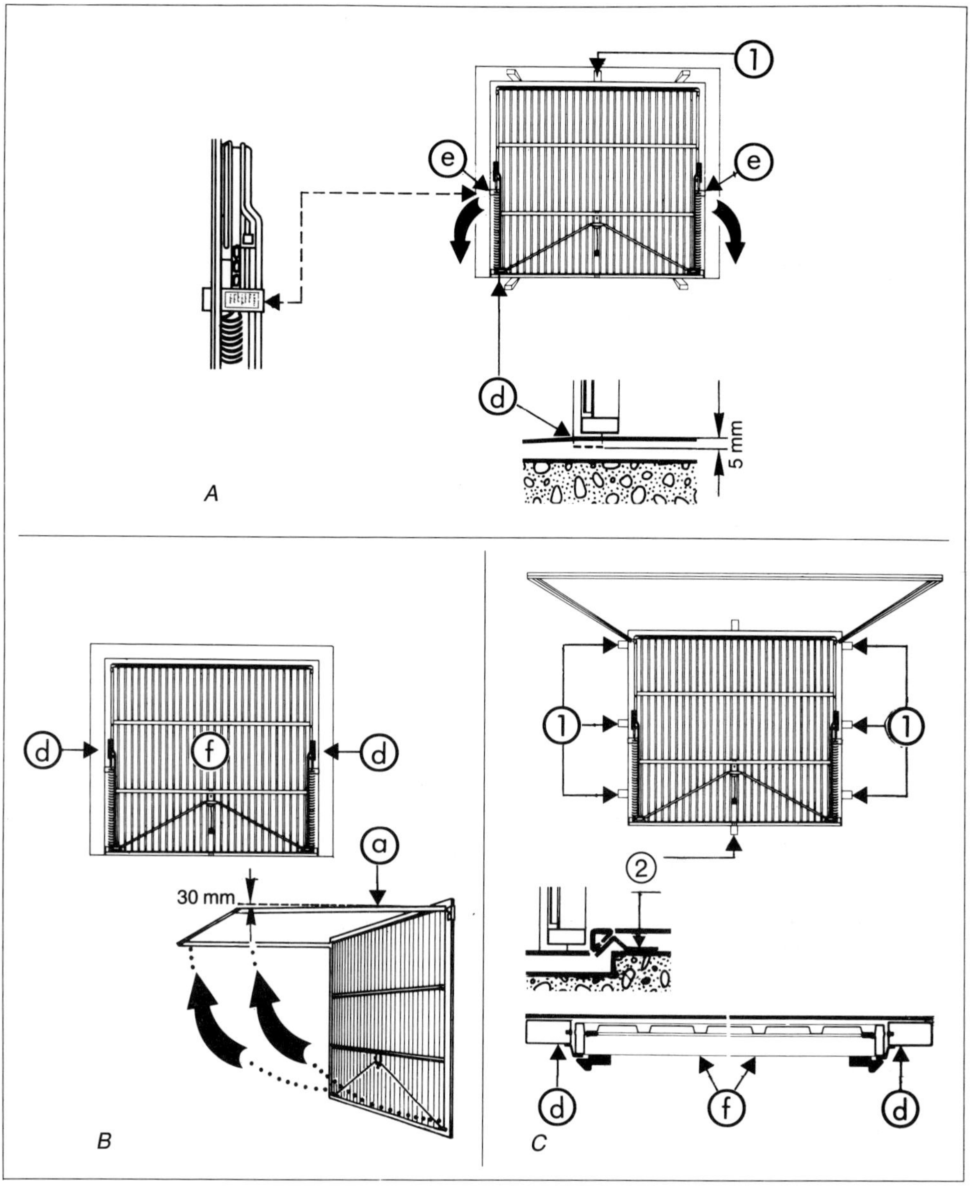

147 Montageablauf bei einem Hörmann-Berry-Tor:
A *Tor hinter oder in die Torlaibung stellen, grob ausrichten, dann Transportsicherung (e) abnehmen. Bei fertigem Estrich Rahmenfüße (d) 5 mm einlassen. Tor mit Holzkeilen fixieren und mit einem Anker (1) provisorisch an Sturz oder Decke fixieren.*
B *Anschließend Laufschienen (a) hochklappen und sicher abstützen. Von außen gleichmäßigen Abstand zwischen Torblatt (f) und Tor-Rahmen (d) beziehungsweise Toröffnung überprüfen.*
C *Torrahmen jetzt seitlich mit Ankern (1) befestigen. Unteren Anschlag mit Anker (2) montieren. Achtung: Torblatt (f) und Rahmen (d) müssen exakt in der Flucht stehen.*

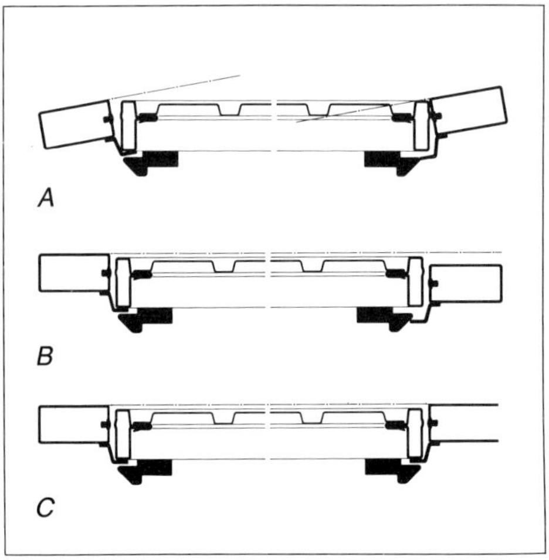

148 Bei der Montage des Berry-Tores N 80 beziehungsweise S 80 ist darauf zu achten, daß Rahmen und Torblatt exakt fluchten, also weder die Rahmenteile verkantet sind (A) noch ein Rahmenteil zurückspringt (B). C zeigt die korrekte Montageposition von Blatt und Rahmen: Nur dann rastet der Verschluß beidseitig ein.

Erst dann kann der Torrahmen aus korrosionsfesten feuerverzinkten Stahlprofilen mit den seitlichen Ankern befestigt werden. Diese sind zuvor am Torrahmen mit Blechschrauben anzubringen. Die zugehörigen Schrauben sind bereits in die entsprechenden Montagebohrungen eingedreht.

Die Anker können entweder eingemauert oder auch angedübelt werden, wobei Selbermacher vorzugsweise die Dübelmontage wählen.

Ebenfalls mit Ankern angedübelt wird dann die untere Anschlagschiene (sofern sie überhaupt erwünscht ist).

Beim Andübeln der Anker sollte man zwischenzeitlich immer wieder kontrollieren, ob das Tor auch bestimmungsgemäß in der Flucht sitzt und durch das Anziehen der Ankerschrauben auch nicht verzogen wird. Letzteres beeinträchtigt die Funktion des Tores und vor allem seine Leichtgängigkeit negativ. Vorteilhaft ist es, die Schrauben jeweils schrittweise überkreuz anzuziehen!

Nun wird das Tor geöffnet, um die Laufschienen funktionsgerecht auszurichten. In geöffnetem Zustand muß das Torblatt mit seinen Gummipuffern an der die beiden Führungsschienen verbindenden Querschiene anliegen und vorn einen gleichmäßigen Abstand zum Torrahmen zeigen. Die Querschiene ist absolut waagerecht auszurichten.

Die Befestigung der Laufschienen erfolgt mittels Universalankern, die im Lieferzustand an der Querschiene befestigt sind. Sie werden von dieser abgeschraubt und mit Montagewinkeln versehen, die mit Blechschrauben angebracht werden.

Die bei Bedarf zu kürzenden Universalanker werden nun mit Dübeln und Schrauben an den Garagenwänden oder an der Decke verankert und dann mit Blechschrauben wieder an der Querschiene angeschraubt. Bei der Montage darauf achten, daß 30 mm Neigung erhalten bleiben und die Querschiene in der Waage ist!

Zum Schluß werden die als Federbremse dienenden gelben Kunststoffklammern nach außen geschoben, wobei das Tor geöffnet sein muß. Alle beweglichen Teile werden nun leicht geölt. Sollte sich bei einer Probebetätigung zeigen, daß eine etwas höhere Federkraft der bequemen Torbedienung dienlich erscheint, kann man die Federwirkung durch höheres Einhängen in das Aufnahmeband verstärken. Sofern sich hingegen zeigt, daß das Tor insgesamt schwergängig ist oder sich in bestimmten Positionen nur mit größtem Kraftaufwand bewegen läßt, dürfte ein Montagefehler vorliegen, der unbedingt zu korrigieren ist.

Meist zeigt sich bei einer langsamen Torbetätigung, wo der Fehler liegt. Justieren der Anker am Torrahmen oder auch an der Laufschienenaufhängung oder eventuell geringfügiges Lockern zu fest ange-

zogener Schrauben behebt diesen Mangel in aller Regel.
Der Wartungsaufwand nach einmal erfolgter Montage ist minimal. Er beschränkt sich auf Ölen der Drehpunkte des Tores im Abstand von jeweils sechs Monaten. Die Laufschienen sind von anhaftendem Schmutz zu reinigen, jedoch weder zu ölen noch zu fetten.
Der Profilzylinder des Schlosses sollte übrigens auch nicht geölt oder gefettet werden. Etwas Graphitstaub macht ihn zuverlässig gängig. Bei der Torwartung sollte man hin und wieder auch alle Schraub- und Klemmverbindungen auf festen Sitz prüfen. Wer sich versehentlich in der Garage einsperren sollte, braucht übrigens nicht um Hilfe zu rufen, denn das Tor läßt sich mit dem Sicherungsstift am Schloßkasten jederzeit auch von innen ent- oder auch verriegeln.
Viele Garagentore werden Hausbewohnern und Nachbarn durch laute Schließgeräusche zum Ärgernis. Auch dieses Problem ist weitgehend eine Frage der Torkonstruktion. Beim Berry-Tor sorgen Kunststoffrollen, Kunststoffbuchsen in allen Lagerstellen und verschiebbare Federbremsen für einen leichten und leisen Torlauf.
Bei temperamentvollem Schließen kann es speziell bei Toren mit Stahlblechfüllung zu einem gewissen Dröhnen kommen, das sich durch den Resonanzeffekt der Garage besonders unliebsam bemerkbar machen kann. Hier hilft neben weniger Elan beim Tor betätigen ein Bekleben der Torrückseite mit selbstklebenden Hörmann-Antidröhnstreifen. Für eine sichere Haftung ist wichtig, daß die zu beklebenden Flächen staub- und fettfrei sind und die Temperatur des Bleches nicht unter +15° C liegt.
Die Montage des Berry-Tores vom Typ S 80, also ohne Deckenlaufschienen, erfolgt im Prinzip mit Ausnahme der hier wegfallenden Montageschritte für die Laufschienen nach demselben Schema.
Auch der Einbau des Doppelgaragen-Schwingtores ist weitgehend ähnlich. Wegen der Ausmaße dieser Tore sind jedoch am Einbauort die Rahmenteile nebst Laufschienen zusammenzubauen. Hierzu werden die Seitenteile in die Garage gelegt und mit dem Ober- und Unterteil des Rahmens verschraubt. Die Laufschienen werden zunächst nur mit den unteren Schraubbolzen befestigt und bleiben so vorerst noch beweglich. Auch beim Doppelgaragentor sind die Laufschienen durch eine Traverse verbunden. Dieser Laufschienenverbindungswinkel wird mit den beiden Laufschienen verschraubt, worauf die Montageanker mit Blechschrauben an den Seitenteilen wie auch am Oberteil des Torrahmens angeschraubt werden.

Als Sanftanschlag für das Torblatt werden zwei Gummipuffer in die zu ihrer Aufnahme dienenden Vierkantlöcher im Laufschienenverbindungswinkel gesetzt und durch kräftiges Eindrücken arretiert.
Nun können die Rollenhalter mit ihren Laufrollen in die Laufschienen eingehängt und die Laufschienen wie beim Einzelgaragentor N 80 hochgeklappt und abgestützt werden. Dann kann der Zargenrahmen in die Toröffnung eingestellt, ausgelotet und mit gleichmäßigem Seitenabstand verkeilt werden. Wichtig ist, daß alle Zargenteile (Seiten-, Ober- und Unterteile) in allen Richtungen ausgelotet (Wasserwaagen-Probe) montiert werden. Zu beachten ist auch, daß die Diagonalen des Zargenrahmens wie auch des Vierecks aus oberem Zargenholm, Laufschienen und Laufschienenverbindung jeweils untereinander gleich sind. Dies läßt sich sehr gut mit einer nicht dehnbaren Schnur nachprüfen. Bei Abweichungen ist eine entsprechende Korrektur unabdingbar!

Das Torblatt wird von außen eingesetzt. Dabei sind die Hebelarme auf die Torblattzapfen zu stecken und nach Aufsetzen einer Beilagescheibe mit Splinten zu sichern.

Nun können die beiden Laufschienen mit ihrer zweiten Schraube am Knotenblech des Torrahmens verschraubt werden. Als

149 Berry-Tor in gesickter Stahlblechausführung als Doppelgaragentor. Dekorativ die bauseitig angebrachten Farbstreifen, die die große Fläche effektivoll gliedern.

nächstes sind dann die Laufrollenhalter nebst Deckleisten auf den Torblattrahmen zu schrauben und die Laufschienen so einzustellen, daß sie leicht auf den Laufrollen aufliegen. In dieser Position werden die Laufschienen dann endgültig festgeschraubt.

Bei geöffnetem Tor werden nun die Zugfedern am oberen Beschlag eingehängt und mittels Spannlatten, das sind mit Langlöchern versehene Blechlaschen, unter der benötigten Spannung, die eine leichte Torbetätigung garantiert, in die Spannhaken am unteren Ende der Torrahmen-Seitenteile eingehängt. Zum Spannen wird am besten ein kräftiger Schraubendreher oder ein Rundeisen durch die Lasche gestekt und mit beiden Händen nach unten gedrückt.

Die Laufschienen werden wie zuvor beschrieben nach exaktem Ausrichten an den Garagenwänden oder der Decke verankert, wobei das zuvor eingestellte Gefälle von 30 mm einzuhalten ist.

Falls das Tor in der Öffnung oder in einer Garage mit bündig zur Öffnungshöhe durchlaufender Decke eingebaut werden soll, ist das Gefälle auf maximal 85 mm zu vergrößern. Zum Schluß wird wie ebenfalls schon beschrieben nach Einhängen des mit Profilzylinder versehenen Schlosses die Griffgarnitur von außen aufgesteckt und von innen nach Aufsetzen des inneren Griffes festgeschraubt. Dann kann die Schnäpperhalterung angeschraubt werden. Nach Montage des Schnäppers werden Schloß und Schnäpper mit der auf passende Höhe ausgerichteten Verschlußstange verbunden, die anschließend festzuschrauben ist. Der untere Toranschlag wird bei Garagen, deren Estrich noch nicht eingebracht ist, am rohen Betonboden angedübelt. Hierzu dienen die im Profil eingeschweißten Ankerlaschen. Wird das Tor ohne Anschlag in eine Garage mit bereits fertig eingebrachtem Boden eingebaut, ist anstelle des Anschlagprofils das Verschlußstück mittig in der Toröffnung auf dem Fußboden (OFF) anzudübeln.

Ganz zum Schluß werden die Gummipuffer, die als Anschlag für das Torblatt dienen, in die entsprechenden Aussparungen gedrückt und die Transportbohrungen mit den mitgelieferten roten PVC-Stopfen verschlossen. Nach leichtem Ölen der beweglichen Teile kann das Tor dann in Betrieb genommen werden.

Bei richtiger Montage und entsprechend dem Torgewicht eingestellter Federspannung muß sich das Tor ohne großen Kraftaufwand bewegen lassen. Ein schwergängiges Tor weist auf eine korrekturbedürftige Montage hin.

Ein Wort zum Thema Lüftung

Bei allen Garagen ist ein ständiger Luftaustausch notwendig, um einmal die Bildung explosionsträchtiger Treibstoff/Luft-Gemische infolge verdunstender Treibstoffmengen zu vermeiden und zum anderen, um der Korrosion vorzubeugen.
In der Regel wird für eine entsprechende Zwangsbelüftung durch Lüftungssteine in der Garagenrückwand und durch Maßnahmen am Tor selbst gesorgt. Beim Berry-Tor wird auf die Optik störende Lüftungsjalousien oder Schlitze verzichtet und die Lüftung über unauffällige Be- und Entlüftungen zwischen Rahmen und Füllung erreicht. Bei der Montage bauseitig einzubringender Füllungen ist darauf zu achten, daß diese Belüftungsöffnungen nicht blockiert werden. Dies gilt auch für Hörmann-Garagentüren.

Garagentor-Gestaltung

Das Garagentor ist nicht nur ein Gebäudeabschluß, sondern beeinflußt auch das Erscheinungsbild des Hauses, denn in aller Regel ist die Garage von der Straßenfront aus ebenso sichtbar wie die Fassade des Hauses, gleich ob nun die Garage direkt ans Haus angebaut ist oder freisteht. So ergibt sich die Notwendigkeit, das vom Erscheinungsbild des Tores beherrschte Bauwerk Garage in der Gestaltung dem Erscheinungsbild des Hauses anzugleichen. Dies geschieht einmal durch die Wahl der Torfüllung und zum anderen durch die farbliche Gestaltung, mit der man zum Beispiel auch die Kassettengliederung eines Tores betonen kann.
Hörmann-Garagentore mit Füllungen aus feuerverzinktem Stahlblech lassen sich leicht und problemlos farbig gestalten, denn sie sind bereits im Lieferzustand mit einer lackierfreundlichen Grundierung (RAL 7032) versehen. Mit ihr vertragen sich alle modernen Kunstharzlacke vor-

150 Immer häufiger sieht man bemalte Garagentore. Wer sein Berry-Tor individuell gestalten möchte, findet in der lichtgrauen Grundierung einen idealen Malgrund. Von Caparol (Postfach 20, 6105 Ober-Ramstadt) gibt es übrigens gegen Voreinsendung 2 Mark in Briefmarken hübsche Malvorlagen.

zugsweise solche auf Alkydharzbasis und lösungsmittelfreie Dispersionslacke (wasserverdünnbare Acryllacke).

Vor dem Anstrich sollte man alle zu lackierenden Flächen mit einem fettlösenden Haushaltsreiniger abwaschen und mit klarem Wasser nachspülen.

Bei der Farbwahl kann man sich einmal an den übrigen Bautenabschlüssen – also Türen und Fenstern — des Wohnhauses orientieren und das Tor weiß, bronzebraun oder auch leuchtend farbig lackieren.

Sehr effektvoll kann auch eine mehrfarbige Gestaltung wirken, wobei man einzelne Torfelder farbig abgestuft abhebt oder auch bei einem Kassettentor eine Reihe Bodenfelder und eine senkrechte Reihe an der Seite farblich kontrastierend hervorhebt. Liegen mehrere Garagentore nebeneinander, kann man solche Farbspiele auch von Tor zu Tor versetzt anordnen und so interessante Effekte erzielen.

Immer beliebter wird neuerdings das bemalte Garagentor, wobei man von einer torhoch aufgemalten Hausnummer über ein Monogramm und graphische Darstellungen bis zur munteren gegenständlichen Malerei einen breiten Gestaltungsspielraum hat.

Wer Anregungen sucht oder sich selbst

eine Freihand-Malerei nicht zutraut, kann zum Beispiel von Caparol garagentorgerechte Malvorlagen erhalten, die sich mit einem Dia-Projektor leicht aufs Tor übertragen und nachzeichnen lassen. Sie werden dann nach den angegebenen Farbvorschlägen oder eigenem Geschmack ausgemalt.

Beim Anstrich wie auch beim Bemalen des Tores sollte man einen möglichst windstillen Tag abwarten, damit kein Staub aufs frisch gestrichene oder bemalte Tor geweht wird. Wird der Einfahrtsbereich vor Arbeitsbeginn großzügig gesprengt, braucht man zumindest nicht mit Staub aus dem Nahbereich zu rechnen. Wichtig ist auch, daß man das Tor nicht in praller Sonne streicht, weil die zu schnelle Trocknung den Verlauf stört und dem Lack nicht bekommt.

Am günstigsten ist es, das Tor am frühen Morgen oder am Abend zu streichen, wenn das Blech noch kühl oder schon wieder abgekühlt ist.

Wird ein Garagentor bauseitig mit einer Füllung aus Holz versehen, sollte man die zugeschnittenen Verkleidungselemente vor der Montage mit Holzschutz vorbehandeln. Besser als versiegelnde Lackierungen sind den Holzcharakter bewahrende Lasuren, die das Holz atmen lassen, oder wenn eine hölzerne Füllung unbedingt gestrichen werden soll, ventilierende Anstrichsysteme, wie man sie zum Anstrich von Holzfenstern verwendet.

Auch in diesem Falle wird Holzschutzgrund und Grundanstrich vor dem Einbau der Profilbretter aufgebracht. Der Schlußanstrich erfolgt am fertigen Tor.

Wer bei einem Tor mit sichtbar bleibender Naturholzfüllung Wert auf ein besonders schönes Torbild legt, tut gut daran, die Profile vor der Montage dem Maserungsbild entsprechend auf dem Boden auszulegen und in dieser Reihenfolge zu montieren. Bei der Montage sollten die Profilbretter trocken und abgelagert sein. Sie werden unter Verwendung eines Beilageholzes Profil für Profil nutschlüssig zusammengefügt. Das Beilageholz verhindert beim Beiklopfen, daß an den Profilen Druckmarken entstehen.

Die so eingebrachte Füllung wird von der Torrückseite durch die beiden waagerechten Streben mit kurzen korrosionsbeständigen Holzschrauben verschraubt. Die Schrauben sollten etwas dünner gewählt werden als die Bohrungen in den Streben, damit das Holz arbeiten kann, ohne daß es hierbei zu Verformungen der Torkonstruktion kommt.

150a Berry-Tor HBT 80.

Das Sectionaltor — eine interessante Alternative und Problemlösung

Wer ein Schwingtor für seine Garage wählt, muß sich der Tatsache bewußt sein, daß beim Öffnen und Schließen das Torblatt nach vorn hin ausschwingt, also hier Bewegungsraum beansprucht. Daher der Name Schwingtor. Während dies in den meisten Fällen kaum Probleme bereitet, weil die Garage häufig gegenüber der Hausflucht zurückspringt, um zum Beispiel einen zusätzlichen Stellplatz für Besucher zu gewinnen oder auch hier das eigene Auto kurzzeitig abzustellen, wenn man bald wieder wegfahren möchte, kann der zum Öffnen und Schließen des Schwingtores notwendige Bewegungsraum durchaus zum Problem werden, wenn die Garagentoreinfahrt unmittelbar in der Straßenflucht liegt. Hält man in einem solchen Fall mit dem nötigen Abstand vor der Garage an, um auf- oder abzuschließen, ragt das Fahrzeug mit seinem Heck oder Bug unter Umständen erheblich verkehrsbehindernd in die Fahrspur hinein. Bei der sprichwörtlichen Unduldsamkeit mancher Zeitgenossen wird dies im harmlosesten Fall zum Anlaß für

151 Immer beliebter wird das nicht nach vorn auswschwenkende Sectionaltor. Der Handgriff ist bedienungsgerecht nach links zur Fahrerseite weisend angebracht.

152 Leichter, leiser Lauf zeichnet das Sectionaltor aus, das sowohl einwandig ohne Dämmung als auch doppelwandig wärmegedämmt wie hier abgebildet erhältlich ist.

ein die Nachbarn wie auch den Garagenbesitzer selbst nervendes Hupkonzert. Liegt die Einfahrt zudem vielleicht nahe einer Straßeneinmündung, so kann die problematische Einfahrtsituation sogar zu einem Unfallrisiko werden. Auf jeden Fall ist sie aber unbequem und verleitet im Bestreben, schnell wieder freie Bahn zu schaffen, zu überhasteten Aktionen, die leicht zu einer Schramme oder auch Schlimmerem führen können.
All dies läßt sich durch eine besondere Garagentorkonstruktion, das Sectional- oder Deckengliedertor, vermeiden. Dieser Tortyp erlaubt es, mit der Stoßstange bis unmittelbar ans Tor heranzufahren und so die Fahrbahn bei der Ein- und Ausfahrt freizugeben. Bei Hörmann-Sectionaltoren ist es nicht einmal notwendig, einen Freiraum vor dem Tor zur Betätigung des Schlosses und zum Hochschieben des Tores zu belassen, denn der Griff liegt nicht mittig, sondern ist auf die Fahrerseite verlegt. Die präzise Torführung erlaubt es, das Tor auch bei einseitig angeordneten Griffen einwandfrei zu betätigen ohne ein Verkanten befürchten zu müssen.
Das Sectional- oder Deckengliedertor ähnelt in der Außenansicht einem Rolladen. Es rollt seinen Panzer aber nicht wie dieser auf. Dieser wird vielmehr in Schienen geführt und wie beim Schwingtor oberhalb der Toröffnung abgestellt. Dabei werden die Torlamellen in einem 90 °-Bogen aus der senkrechten Verschlußebene des Tores in die praktisch waagerechte Abstellposition geführt.
Neben der Lösung des Einfahrtsproblems bei Garagentoren in der Straßen- oder

153 Wenn Tageslicht in die Garage einfallen soll, kann man auch ein Sectionaltor mit Verglasung wählen.

Bauflucht zeichnen aber auch noch einige andere Vorteile das in jüngster Zeit immer häufiger anzutreffende Sectionaltor aus. Es läuft sehr leicht und leise, ist in verschiedenen Ausführungen mit und ohne Wärmedämmung erhältlich und bietet zudem die Möglichkeit, das Tor mit Fenstern auszustatten, wenn Tageslichteinfall, zum Beispiel bei einer auch als Werkstatt genutzten Garage, gewünscht wird oder Sichtkontakt zwischen draußen und drinnen praktisch erscheint.

Verschiedene Bauarten

Sectional- oder Deckengliedertore (zuweilen auch fälschlicherweise als Rolltore bezeichnet) gibt es in verschiedenen Ausführungen, die hier am Beispiel des Angebotes von Hörmann gegenübergestellt werden sollen. Die Grundausführung des Sectionaltores ist das einwandige Tor aus beidseitig feuerverzinkten und zusätzlich kunststoffbeschichteten, also optimal korrosionsgeschützten Stahlblechlamellen.

Das einwandige Sectionaltor LTF ist die richtige Wahl für unbeheizte Garagen. Es kann mit einer rechteckigen Verglasung ausgerüstet werden, wobei die Einfachverglasung aus 4 mm dickem, bruchsicherem, klarem Plexiglas oder auch aus Plexiglas mit Kristallstruktur besteht. Außerdem ist eine Verglasung mit 16 mm dicken Plexiglas-Stegdoppelplatten möglich. Die Verglasung ist in Verglasungsrahmen aus eloxierten Alu-Rohrprofilen gefaßt, die im Naturton gebeizt sind. Der Lichteinfall läßt sich den jeweiligen Erfordernissen anpassen, indem man ein Lichtband über die volle Torbreite laufen läßt oder auch zwei Bänder übereinander anordnet. Die Höhe eines Fensterbandes entspricht jeweils der Höhe einer Stahlblechlamelle.

Wenn die Garage temperiert oder gar beheizt ist oder mit beheizten Bereichen des Hauses in Verbindung steht, lohnt sich der Einbau eines wärmegedämmten, doppelwandigen Sectionaltores wie des Hörmann-Typs LPU. Dieses Sectionaltor besteht aus zwei gegeneinandergesetzten Stahlblechlamellen, die ebenfalls aus feuerverzinktem Qualitätsstahl bestehen und auf den Außenflächen kunststoffbeschichtet sind. Die Innenflächen sind hingegen mit einem Haftvermittler versehen, um dem Hartschaumkern, der beide Lamellen schubfest miteinander verklebt und zugleich für die erwünschte Wärmedämmung sorgt, eine gute Haftung am Blech zu verleihen.

Die Lamellen werden hierbei kontinuierlich mit Polyurethan-Hartschaum ausgeschäumt, wodurch ein Sandwich-Element hoher Güte erzielt wird. Es zeichnet sich durch eine große Festigkeit, leisen Lauf und eine gute Wärmedämmung aus. So beträgt der k-Wert des fertig eingebauten Sectionaltores LPU ohne Verglasung nur 0,8 W/m^{2}K nach DIN 4701. Entsprechend dem guten Wärmeschutz des Torblattes wird bei der verglasten Ausführung auch die Verglasung wärmedämmend ausgeführt. Dabei steht ein Sandwich-Fenster mit formschön abgerundeten Ecken zum Einlassen in die Lamellen oder ein Fensterband aus rechteckigen Alu-Verglasungsrahmen zur Wahl.

Das Sandwich-Fenster besitzt einen von innen zu verschraubenden Zinkdruckgußrahmen von graphitschwarzer Farbe, der in einer APTK-Dichtung die Verglasung aus 28-mm-Plexiglas-Doppelscheiben aufnimmt. Diese können klar oder auch durchscheinend weiß gewählt werden. Jedes Fensterelement nimmt eine Fläche von 0,2 m^2 ein. Sein k-Wert beträgt 2,8 W/m^{2}K. Die rechteckigen Verglasungsrahmen mit Doppelscheiben oder Stegdoppelplatten ergeben bei 16 mm Verglasungsdicke einen k-Wert von 3,2 W/m^{2}K. Die gute Wärmedämmung von Sandwich-Lamellen und Doppelverglasung wird beim Sectionaltor LPU durch eine Rundum-Abdichtung und zusätzliche Dichtungen zwischen den einzelnen Lamellen sichergestellt. Am Boden sorgt ein elastisches Hohlkammerprofil für einen dichten Abschluß, und oben am Sturz ist ebenfalls eine Dichtung angebracht.

Bei der zuverlässigen Ringsum-Abdichtung des Tores muß die notwendige Be- und Entlüftung durch eine besondere Maßnahme sichergestellt werden. Dies geschieht durch einen auf Wunsch erhältlichen Lüftungsgittereinsatz mit oder ohne Deckschieber, während bei der einwandigen Ausführung LTF in die unterste Lamelle Luftschlitze für eine Zwangsbelüftung eingestanzt sind. Das ungedämmte, einwandige Sectionaltor LTF gibt es in einer Reihe von Normgrößen in einem Breitenspektrum von 2250 mm bis 5000 mm und mit einer Höhe von 2000 bis 3000 mm. Der Gesamtbereich möglicher Torgrößen reicht von 1875 mm bis 3000 mm in der Höhe und von 2000 bis 5000 mm in der Breite.

Beim wärmegedämmten, doppelwandigen Sectionaltor LPU reichen die Normgrößen von 2375 mm bis 5000 mm in der Breite und 2000 bis 2500 mm in der Höhe. Der Gesamtgrößenbereich bei Maßanfertigung deckt die Höhe von 1875 bis

3000 mm und Breiten von 2000 bis 5000 mm ab.
Passend zu den Sectionaltoren gibt es auch ansichtsgleiche Nebentüren.

Der Einbau eines Sectionaltores

Um eine Garage mit einem Sectionaltor abzuschließen, ist bei manueller Torbetätigung eine Sturzhöhe von 220 mm, bei Elektroantrieb eine solche von 300 mm im Minimum erforderlich. Die Tore werden hinter die Garagenöffnung gesetzt, wobei in der Tiefe hinter dem Pfeiler 200 mm und in der Breite mindestens 125 mm Freiraum erforderlich sind.
Wichtig zu beachten ist, daß vor Einbau eines Sectionaltores die Toröffnung wie auch der Garagenboden fertiggestellt sein sollte. Das eingebaute Tor dichtet schwellenlos mit seinem unteren Abschlußprofil auf dem Boden ab.
Der Ablauf des Toreinbaus ist bei den Ausführungen LTF (einwandig) und LPU (doppelwandig, ausgeschäumt) im wesentlichen gleich, wenn man davon absieht, daß beim einwandigen Tor eine andere Scharnierkonstruktion zum Einsatz kommt als bei der wärmegedämmten, doppelwandigen Ausführung LPU. Beim einwandigen Tor werden die Lamellen durch Aufschrauben der Scharniere verbunden, während beim doppelwandigen Sectionaltor die aneinander anschließenden Lamellen durch Einschieben der Scharnierbolzen in die vormontierten Scharnierteile vereinigt werden.

Die Tormontage beginnt mit dem Zusammenbau des Zargenrahmens, dessen Teile miteinander zu verschrauben sind. Der so montierte Rahmen wird dann von innen vor die Toröffnung gestellt, ausgerichtet und angedübelt. Die Befestigung erfolgt jeweils seitlich oben und unten sowie an drei Stellen dazwischen mit korrosionsbeständigen Schrauben und auf den Verankerungsgrund abgestimmten Dübeln.

Wenn der Torrahmen eingebaut ist, kann das Verbindungsprofil am Boden entfernt werden, das lediglich als Montagehilfe dient und mit Blechschrauben an den Seitenteilen des Zargenrahmens verschraubt ist. Beim nächsten Montageschritt wird die erste Lamelle in die Toröffnung gestellt und mit den Scharnierrollenhaltern versehen, deren Rollen im Zargenprofil geführt werden. Die Halter werden mit den mitgelieferten, selbstschneidenden Sechskantschrauben angeschraubt.
Beim Tortyp LTF werden dann die Mittelscharniere in gleicher Weise angebracht, während beim wärmegedämmten Tor die Scharniere bereits angeschraubt sind und nur noch durch Einschieben der Scharnierachsen miteinander zu verbinden sind.
So wird die gesamte Lamellenwand des Torblattes, mit der untersten Lamelle beginnend, aufgebaut.

Torgriffe und Schloß sitzen in der Regel in der zweiten Lamelle von unten. Sie werden mit der Lamelle verschraubt, worauf Schloß und Schnäpper mittels Verschlußstange zu verbinden sind. Die Stange wird am Schließarm des Schlosses angeschraubt. Um eine einwandfreie Verriegelung sicherzustellen, muß die am Zargenrahmen angebaute Verschlußplatte sowohl in der Höhe als auch in der Richtung senkrecht zum Torblatt exakt eingestellt werden. Dies geschieht mittels vier in Langlöchern geführten Gewindebolzen, die ein Verschieben der Verschlußplatte in beiden Richtungen erlauben.

Der nächste Schritt ist das Einstellen der Laufrollen, dabei werden mit Ausnahme der zweiten Laufrolle von unten alle Rollen so eingestellt, daß sie an der ins Garageninnere weisenden Flanke des Führungsprofils anliegen, während die zweite Rolle von unten an der Vorderseite des Führungsprofils anliegen sollte.
Nach Fertigmontage des Torblattes folgt der Anbau der Laufschienen, die funktionsgemäß in einem Radius an die seitlichen Rollenführungsschienen ansetzen

und in die waagerechten Deckenführungen übergehen. Die Radiusschiene wird mit dem Zargenrahmen verschraubt, worauf die Deckenführungsschienen sowohl mit dem Radiusarm als auch mit dem Montagewinkel an der Torzarge durch Schrauben verbunden werden. Bei dieser Montage ist darauf zu achten, daß die Führungsprofile so justiert werden, daß sie stoßfrei ineinander übergehen.
Zur Verankerung der Führungsschienen dient einmal ein auf halber Länge der horizontalen Führungsschienen anzudübelnder Deckenanker, der durch Langlöcher eine präzise Höhenjustierung ermöglicht (Wasserwaage!) Zum zweiten werden die Laufschienen hinten mit einem an die Garagenwand zu dübelnden Anker abgefangen, der ebenfalls mit Langlöchern versehen ist und mit einem unter die Querverbindung der beiden Laufschienen geschraubten Winkelprofil verschraubt wird.
An der obersten Lamelle ist nun noch bei LPU die Schubstange anzubringen, die das Tor im geschlossenen Zustand oben arretiert.
Die Schubstange wird mit ihrer unteren Langlochführung in horizontaler Position auf den an der oberen Lamelle anzuschraubenden Mitnehmer gesteckt und nach oben geschwenkt, um in dieser Position auf den Bolzen des oberen Rollenhalters gesteckt zu werden. Mit einem aufgesteckten Sicherungsklip wird ein Herausrutschen für die Zukunft verhindert. Nun wird noch die mittels Langloch höhenverstellbare Einstellkonsole soweit angehoben oder gesenkt, bis die obere Lamelle an der Kunststofflageleiste abschließt. Dabei sitzt die Schubstange unten auf der Einstellkonsole auf.
Das Tor wird normalerweise mit geringem Kraftaufwand mit Hilfe der eingebauten Torsionsfedern betätigt. Bei höheren Abmessungen ist es aber auch mit einem Handseil ausgestattet. Dieses wird unten durch den Beschlag an der unteren Torlamelle gefädelt und mit einer Schraubklemme gegen Herausrutschen gesichert und ist oben mit einem Knoten an der Verbindung zwischen Deckenlaufschiene und Torzargenrahmen befestigt. Jetzt muß nur noch das Torsionsfederaggregat, das für eine leichte Torbetätigung sorgt, angebracht werden. Die in zwei Teilen gelieferte Welle wird, nachdem der oder auch zwei am Oberteil des Zargenrahmens anzuschraubende Wellenhalter auf die Welle geschoben wurde, zusammengesteckt. Beide Wellenenden treffen sich dabei mittig in der mit einem Sichtfenster versehenen Kupplungsmuffe. Für eine kraftschlüssige Verbindung der Wellenhälften sorgen vier Arretierungsschrauben, die jedoch in diesem Stadium zunächst nur leicht angezogen werden.
Anschließend wird die komplette Torsionsfederwelle mit ihren beiden seitlichen Lagerböcken auf die Ausleger der Torzarge gesetzt und dort mit je zwei Mutterschrauben befestigt.
Nun werden die zuvor nur leicht angezogenen Kupplungsschrauben der Wellenkupplung gelöst, womit beide Wellenteile frei drehbar werden. Nach Entfernen der Seilklammern auf den beiden Seiltrommeln können nun die beiden Drahtseile abgespult und unten an den seitlichen Aufsetzstücken der ersten Torlamelle eingehängt werden. Unterlegscheibe zwischen Aufsetzstück und Seilkausche nicht vergessen, und das Seil mit aufgeklipster Sicherung gegen Herausrutschen sichern.
Während stets eine der beiden Torsionsfedern bereits gespannt ist, muß die zweite vor Ort gespannt werden. Hierzu dienen zwei mitgelieferte Spanndornen, die in die vier um 90 ° versetzten Bohrungen gesteckt werden. Die Zahl der notwendigen Umdrehungen hängt von der Torgröße ab und ist am Typenschild des Tores ablesbar. Die Spannrichtung stimmt, wenn man den auf der Wellenoberseite eingesteckten Spanndorn vom Torsturz weg zu sich hinbewegt (siehe Zeichnung). Nach vorschriftsmäßigem Spannen der Federn ist ein leichter Torlauf in Öffnungsrichtung sichergestellt und der Torlauf ausgeglichen.

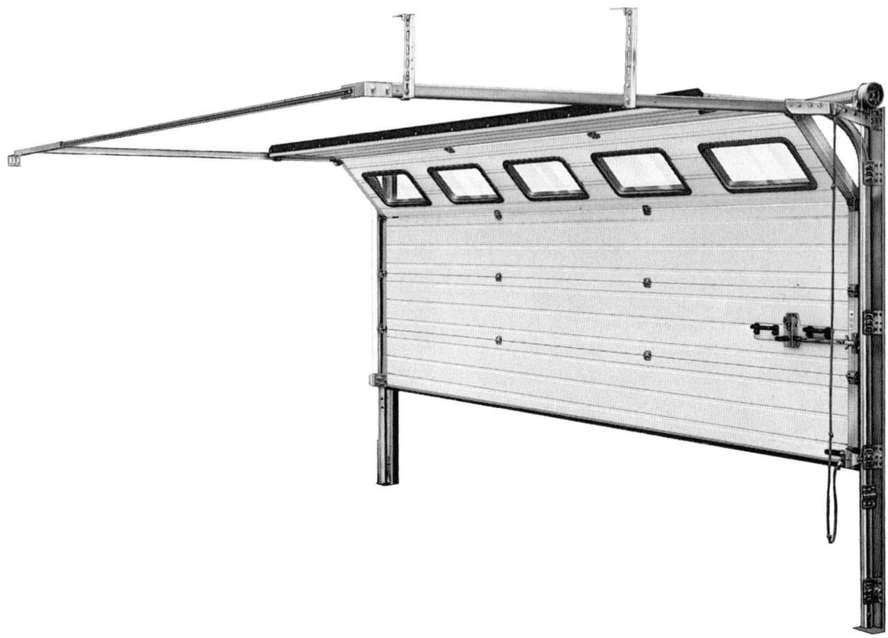

154

154 Aufbau eines Hörmann-Sectionaltors. Die Lamellen werden wie ein Rolladen nach oben geschoben und, in Laufschienen geführt, unter der Garagendecke abgestellt. Es kann auch mit einer Verglasung versehen werden.

155 Das Tor wird gewichtsmäßig mit einer obenliegenden Torsionsfederwelle ausgeglichen und läßt sich so ohne Kraftaufwand betätigen.

156 Die Sectionaltor-Lamellen sind durch Scharniere verbunden. Die seitlichen Scharniere sind mit justierbaren Rollenhaltern verbunden. Ihre Laufrollen führen das Tor seitlich in Laufschienen, wodurch ein leichter und geräuschloser Lauf erzielt wird.

157 Verriegelung des Sectionaltores mit Profilzylinderschloß, seitlichem selbsttätig einrastendem Schnäpper und zwei zusätzlichen Handgriffen, die auch auf der Außenseite angebracht sind.

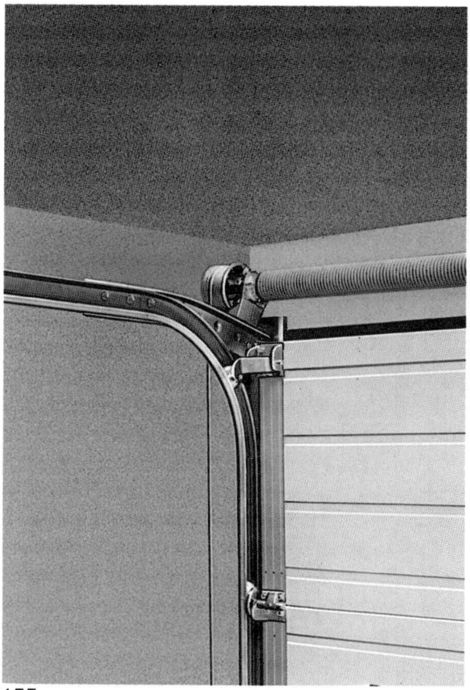

155

156

157

Wichtig ist, daß bei gespannter Feder noch ein geringes Windungsspiel vorhanden sein muß, um schädliche Reibungskräfte der Federwindungen zu vermeiden.

Nach Spannen der Torsionsfeder mit Festziehen der Stellschrauben ist der Zeitpunkt zur endgültigen Befestigung der Wellenkupplung gekommen. Sie wird so ausgerichtet, daß der Wellenstoß genau in der Mitte der Kupplung im Sichtfenster liegt, bevor die vier Kupplungsschrauben fest angezogen werden.
Nun wird das Tor geöffnet, worauf die zunächst nur provisorisch befestigten Laufschienen genau waagerecht und parallel zum geöffneten Torblatt ausgerichtet werden. Erst dann werden die Befestigungen der Abhängung endgültig festgezogen. Damit die beiden Spanndorne, die ja möglicherweise später noch einmal benötigt werden, nicht verlorengehen, sollte man sie in die dafür vorgesehene Aufnahme im unteren Bereich des linken Zargenprofils einstecken.

Wichtig ist, daß man eine Verletzung der Oberfläche der Torsionsfeder vermeidet, um schädlicher Korrosion und Haarrissen, die zu einem Federbruch führen könnten, keinen Angriffspunkt zu bieten.
Die solide Konstruktion und Ausführung eines hochwertigen Sectionaltores sorgt für eine lange Lebensdauer und macht nur geringen Wartungsaufwand notwendig. Er beschränkt sich auf die Kontrolle der Torseile und Fetten der Scharniere und Rolladenhalter im Abstand von sechs Monaten. Bei unzureichendem Gewichtsausgleich sind die Torsionsfedern nachzuspannen. Dies erfolgt wie bereits beschrieben mit Hilfe der Spanndornen. Beim Spannen ist darauf zu achten, daß die Dornen stets bis zum Anschlag in die Aufnahmebohrungen eingesteckt werden, um einem gefährlichen Abrutschen vorzubeugen. Dies ist wichtig, weil die Federn ein hohes Drehmoment aufweisen. Wer auf »Nummer Sicher« gehen will, sollte diese Arbeit von einem Fachmann ausführen lassen.

Alternativen für den Garagenabschluß

Neben den typischen Sectionaltorausführungen LTF und LPU, die im wesentlichen als Abschluß für Privatgaragen infrage kommen, gibt es auch Torausführungen, die eher für den industriellen und gewerblichen Einsatz gedacht sind, aber in Ausnahmefällen auch bei Privatbauten Verwendung finden können. Dies gilt vor allem für größere Garagen und Fahrzeughallen, die zugleich auch eine andere Funktion (Lager oder auch Werkstatt) haben oder Platz für größere Fahrzeuge wie Wohnmobile oder Wagen mit voluminösen Dachlasten wie Booten bieten sollen. Hier bieten sich zum Beispiel ein- oder auch doppelwandig ausgeführte Sectionaltore der Typen S oder SPU, die praktisch die Erweiterung/Ergänzung des Sectional-Garagenprogramms von Hörmann darstellen, oder auch Sectionaltore aus Aluminium an. Letztere gibt es als Typ APU mit Teilverglasung oder auch als Typ ALR vollflächig mit Isolierverglasung, wobei lediglich das Bodenfeld massiv aus sogenanntem Alucobond ausgeführt ist, während die Torglieder im oberen Bereich aus eloxierten Alu-Rohrprofilen mit etwa vier Millimeter dicken Plexiglas-Füllungen oder 16-mm-ISO-Verglasung bestehen.
Eine andere praktikable Variante stellt ein Rolltor dar, bei dem das die Toröffnung verschließende Torblatt wie ein Rolladen ausgelegt ist, aber nicht wie beim Sectionaltor in Schienen hinter der Toröffnung horizontal abgestellt, sondern wie ein Rolladen auf einer stabilen Wickelwelle aufgerollt wird. Diese Lösung bietet sich zum Beispiel an, wenn aus bautechnischen Gründen oder Fragen der Hallennutzung kein Platz für die horizontale Abstellung des Tores wie beim Sectionaltor zur Verfügung steht. Dies kann zum Beispiel auch der Fall sein, wenn die Garage als Arbeitsraum genutzt wird und deshalb mit Lichtkuppeln versehen ist, die von einem längere Zeit horizontal abgestellten Torblatt verdeckt würden.

Das Garagentor mit elektrischem Antrieb — Betätigungssysteme und ihre Möglichkeiten

Bequemlichkeit wird vom Autofahrer nicht nur bei seinem Fahrzeug geschätzt. Auch als Garagenbesitzer entdeckt er mehr und mehr den Komfort, den zum Beispiel ein Garagentor mit elektrischem Antrieb bietet. Zum Öffnen des Tores muß der Besitzer eines Garagentores mit Antrieb ebensowenig aussteigen wie zum Schließen des Tores nach Verlassen der Garage. Zum Öffnen und Schließen genügt ein Knopfdruck —, entweder auf einen Impulsgeber in der Garage oder ein simpler Dreh mittels Schlüsseltaster, der in Reichweite des Fahrers in der Einfahrt auf oder unter Putz oder auch in einem freistehenden Pfosten montiert ist. Die zweifellos eleganteste Art der automatischen Torbetätigung ist die Funkfernsteuerung, die es

158 Für den komfortbewußten Autofahrer ist ein ferngesteuererter Garagentorantrieb eine lohnende Investition. Der Antrieb – hier ist ein Hörmann GTO 90 zu sehen – erspart bei Wind und Wetter das Aussteigen zum Öffnen und Schließen des Tores.

in ihrer modernsten und perfektesten Form sogar erlaubt, über Zusatzkanäle neben dem Garagentor auch die Betätigung eines elektrisch angetriebenen Einfahrtstores zu automatisieren, aber auch andere interessante Zusatzfunktionen zu schalten, so zum Beispiel die Außenbeleuchtung des Hauses oder Grundstückes oder auch das Ein- und Ausschalten einer Alarmanlage im Haus.

Das Angebot an Garagentorantrieben und Fernsteuerungen ist überaus vielfältig und für den Interessenten, der sich noch nicht in die Materie vertieft hat, zum Teil recht verwirrend.

Das Spektrum reicht von ausgesprochenen Billiglösungen mit unvermeidlichen Konzessionen hinsichtlich Bedienungskomfort, Lebensdauer wie leider auch zuweilen hinsichtlich der Sicherheit bis zu perfekten Lösungen, die sich am Standard gewerblich genutzter Toranlagen und ihrem gesetzlich verankerten Sicherheitsstandard orientieren.

Das vielschichtige Thema »Torantrieb-Fernsteuerung« beginnt mit einem grundsätzlichen Aspekt, der leider allzuoft übersehen wird, nämlich, daß alle drei Komponenten zusammengehören und als System zu betrachten sind. Nur wenn alle drei Komponenten perfekt sind, wird eine zuverlässige, gegen Störungen unanfällige Funktion gewährleistet. Oft kommt der erste Anstoß zum Kauf eines Torantriebes schon aus der falschen Richtung, wenn zum Beispiel ein schwergängiges Tor, das von der Dame des Hauses nur mit größter Anstrengung zu öffnen ist, mittels Motorkraft kuriert werden soll. Dies ist etwa so wirkungsvoll wie der Versuch, eine Blinddarmentzündung mit Schmerztabletten zu heilen. So wie der Patient möglicherweise zwar bald schmerzfrei ist, es aber schließlich doch zum gefürchteten Durchbruch kommt, wird es auch mit dem schwergängigen Tor gehen. Es wird sich zwar mit Antrieb versehen mühelos auf Knopfdruck öffnen lassen, früher oder später wird aber ein Schaden am Tor oder Antrieb auftreten. Im Extremfall kann das Torblatt durch Verschleiß seiner Führungen sogar herausfallen.

Wer sich also mit einem schwergängigen Garagentor herumquält, sollte wissen, daß der zu hohe Kraftaufwand ein Tor- oder Montagefehler, zum Beispiel ein verzogener Rahmen oder ein unzureichender Gewichtsausgleich, ist und unbedingt **vor** dem Einbau eines Antriebes beseitigt werden muß. Daß dieser Sachverhalt manchmal — zuweilen sogar von Profis — verkannt wird, mag zu einem guten Teil daraus resultieren, daß Antriebe von den meisten Herstellern mehr oder weniger losgelöst vom Tor gefertigt und angeboten werden. So kommt es zum Beispiel dazu, daß manche Anbieter Antriebe unterschiedlicher Stärke anbieten, während doch ein kleines wie auch ein großes Tor mit normalem Aufwand an Muskelkraft zu betätigen sein muß und so nicht einzusehen ist, daß diese gleiche Kraft nicht zur mechanischen Betätigung eines Tores ebenfalls ausreichen soll, zumal ein richtig konstruiertes Deckentor über Federkraft oder Gewichtsausgleich für eine relativ geringe Betätigungskraft sorgt.

Unter den deutschen Herstellern ist lediglich Hörmann Anbieter von Garagentoren und Antrieben zugleich. Dies schlägt sich nicht zuletzt im Angebot eines kompletten Beschlagprogramms für die sichere Verriegelung der Garagentore nieder, auf das andere Anbieter zum Teil zur Komplettierung ihres Angebotes mit dem Hinweis auf den »Fachhandel« zurückgreifen.

Auf der jahrzehntelangen Erfahrung im Bau von Antrieben für Industrietore und kraftbetätigte Tür- und Fensteranlagen aufbauend und unter Berücksichtigung der in diesem Bereich bindenden Sicherheitsvorschriften löst Hörmann alle Antriebsfragen bei privaten Garagentoranlagen gleich, ob es sich nun um ein kleines Tor einer Einzelgarage oder um ein besonders großes Doppelgaragentor mit bauseitig eingebrachter Füllung handelt, mit einem einzigen Antrieb, dem GTO 90.

Der Verzicht auf extreme Antriebskräfte hat neben der Schonung der Toranlage auch noch einen weiteren Sicherheitsaspekt: er begrenzt auch die Aufprallenergie, wenn das Tor einmal auf ein Hindernis auftreffen sollte. Hier zeigt sich ein weiteres Mal, wie wichtig angemessene Antriebskräfte in Verbindung mit einem normalgängigem, ordnungsgemäß montierten Garagentor sind.

Neben der Antriebskraft ist aber auch die Justierarbeit des Antriebes ein wichtiger Gesichtspunkt für Funktion und Sicherheit. Auch hier zeigt der Vergleich mit der manuellen Torbetätigung, die gefühlvoll oder auch schwung- und damit entsprechend geräuschvoll sein kann, worum es geht. Ebenso wie ein mit Brachialgewalt betätigtes Tor zu Lasten der Lebensdauer der Mechanik geht und zudem völlig unnötigerweise die Nerven der Nachbarn strapaziert, wirkt auch ein Antrieb ohne präzise Feineinstellung. Ein justierbarer Antrieb, wie ihn der GTO 90 darstellt, erlaubt hingegen ein leises — das heißt Nerven und Material schonendes Schließen des Tores. Für die nötige Sicherheit sorgt ebenfalls eine präzise Feineinstellung. Gegen Verletzungen oder Sachschäden bei einer Kollision mit dem bewegten Tor schützt zum Beispiel ein in beiden Bewegungsrichtungen unabhängig einstellbarer Sensor, der genauestens eingestellt werden muß.

In Sachen Sicherheit sind bei Antrieben für private Garagentore erhebliche Unterschiede zu beobachten. Dies liegt vor allem daran, daß es für den privaten Bereich anders als für kraftbetätigte Türen und Fenster im gewerblichen Bereich keine bindenden Sicherheitsvorschriften gibt. Diese Tatsache war auch vor einiger Zeit Anlaß für eine erheblichen Wirbel verursachende Pressemeldung über gefährliche Garagentore, die in manchen Zeitungen sogar unter der reißerischen Schlagzeile »Killer Garagentor« lief.

Tatsächlich hatte der TÜV-Aachen als Urheber dieser dpa-Meldung im Rahmen einer Pressekonferenz lediglich darauf hinweisen wollen, daß elektrisch angetriebene Garagentore mit fehlenden Sicherheitseinrichtungen oder infolge mangelhafter Montage zur Gefahr werden können. Für den Interessenten und zukünftigen Betreiber empfiehlt sich deshalb, die aus der Luftfahrt bekannte Maxime »Sicherheit zuerst« als eines der wichtigsten Entscheidungskriterien beim Kauf.

Wer auf der sicheren Seite sein will, sollte sich deshalb angesichts fehlender Vorschriften für private Toranlagen an den Sicherheitskriterien für gewerbliche Anlagen orientieren, die von verantwortungsvollen Herstellern rückhaltlos auch bei der Konstruktion und Konzeption von Antrieben für Garagentore im Privathaus angewendet werden.

Diese Vorschriften fordern, daß das Tor

159 Sicherheit zuerst! Das gilt auch bei der Wahl eines Garagentorantriebes. Beim Auftreffen auf ein Hindernis muß das Tor sofort stoppen und anschließend ein kleines Stückchen zurücklaufen, um das Hindernis freizugeben. Eine geringe Auslösekraft (zum Beispiel 10 kp) beim Hörmann GTO 90 stellt sicher, daß eine Kollision mit dem bewegten Tor keine schweren Folgen hat.

beim Auftreffen auf ein Hindernis unverzüglich zum Stillstand kommt. Die Auslösekraft, die hierbei die Sicherheitsschaltung betätigt, darf bei maximal 15 Kilopond (= 150 Newton) nicht überschreiten.

Dieses Sicherheitsprinzip sorgt dafür, daß sowohl beim Schließen als auch beim Öffnen des Tores keine Verletzungsgefahr an der Torunterkante entsteht. Es stellt zudem sicher, daß ein Tor, das zum Beispiel durch eine versehentliche Impulsgabe mit dem Sender der Funkfernsteuerung zufährt, während sich der Wagen im Torbereich befindet, keinen großen Schaden anrichten kann. Es wird in Übereinstimmung mit den Sicherheitsvorschriften unmittelbar bei Berührungskontakt gestoppt, worauf ein aus Sicherheitsgründen auf maximal 20 cm begrenzter Rücklauf des Tores dafür sorgt, daß Tor und Fahrzeug umgehend wieder voneinander freikommen. Ebenso kann auch ein Kind nicht zu Schaden kommen, das von einem sich schließenden Tor getroffen wird. Die Beschränkung des Torrücklaufes auf 20 cm schließt aus, daß das Kind mit einer Kapuze oder sonstigen Kleidungsstücken hängenbleibt und hochgezogen werden kann. Es lohnt sich also für den sicherheitsbewußten Käufer, bei der Wahl »seines« Garagentorantriebes auf die Einhaltung dieser Sicherheitsbestimmungen zu achten, wenn sie auch nicht für den privaten Bereich zwingend einzuhalten sind.

Eine weitere Rückversicherung des Käufers ist das TÜV-Zeichen, das eine Sicherheitsprüfung durch ein anerkanntes Prüfinstitut darstellt. Es ist übrigens auch auf dem Hörmann-Antrieb GTO 90 zu finden, der zudem auch mit seinen Sicherheitseinrichtungen den oben zitierten berufsgenossenschaftlichen Sicherheitsanforderungen hinsichtlich Auslösekraft, sofortigem Stop und Rücklauf bis maximal 20 cm folgt. Wer sein Garagentor mit einem elektrischen Antrieb versehen möchte, sollte im eigenen Interesse auf diesen Sicherheitseinrichtungen bestehen.

Wie sicher ist ein Garagentorantrieb mit Fernsteuerung gegen Fremdbetätigung?

Nicht minder unübersichtlich als der Bereich der Antriebe ist das Thema »Fernsteuerung«, denn auch hier ist das Angebot sowohl preislich als auch hinsichtlich Qualität, Funktionssicherheit und Ausstattungskomfort weit gefächert.

Unter dem Oberbegriff »Fernsteuerung« werden höchst unterschiedliche Systeme angeboten. Die Skala reicht von der Infrarotbedienung, wie man sie von heimischen TV-, Video- und Hifi-Geräten kennt, über Niederfrequenz-Funkfernsteuerung bis zur perfekt codierbaren und sehr funktionssicheren Digital-HF-Fernsteuerung.

Hinsichtlich der Funktionssicherheit und des Schutzes gegen Störungseinflüsse oder Fremdbetätigung verhalten sich die einfachen, nur in wenigen Varianten verschlüsselbaren Steuerungen zur hochmodernen Digital-Funkfernsteuerung wie Buntbartschloß und entsprechend simpler, auch durch einen Drahthaken ersetzbaren Buntbartschlüssel zum modernen Sicherheitszylinderschloß oder zum Türschloß mit Magnetcodierung.

Während die Infrarot-Fernsteuerungen sich mit einem runden Dutzend Frequenzvarianten und damit nur wenigen unterschiedlichen Kennungen bescheiden und auch die Niederfrequenz-Funkfernsteuerung mit vergleichsweise wenigen und zudem angesichts der vor allem in Ballungsgebieten hohen Dichte elektromagnetischer Störquellen für Fehlbetätigungen anfälligen »Codiermöglichkeiten« aufwarten kann, ist die moderne Digital-Funkfernsteuerung mit mehr als 1000 sicheren Codierungsmöglichkeiten die zuverlässigste Lösung des Problems »Fernbetätigung«.

Sie erlaubt nur dann eine Torbetätigung, wenn ein perfekt auf die Codierung passendes Signal mehrmals in Folge empfangen wird. So werden Mißverständnisse im

160 Mehr-Kanalsender erlauben die Fernbetätigung weiterer Funktionen. Links ein Zwei-Kanal-Sender für die Betätigung von Einfahrts- und Garagentor, rechts ein Vier-Kanal-Sender, der ferngesteuert beide Tore bedient, die Hofbeleuchtung ein- und ausschaltet und auch eine Alarmanlage im Haus »scharf« machen kann.

Befehlsempfang zuverlässig ausgeschlossen. Die Chance, daß ein Nachbar eine Fernsteuerung mit zufällig gleicher Codierung ersteht, ist selbst bei Anlagen gleichen Fabrikates gering. So stehen zum Beispiel beim GTO 90 nicht weniger als 1023 Varianten zur Wahl. Welche Impulsfolge ein Gerät erhält, wird mittels eines Zufallsgenerators ermittelt. Darüber hinaus sorgt die Belieferung des gesamten Bundesgebietes wie auch des Auslandes für eine zusätzliche Mischung. Sollte trotzdem einmal der Nachbar die gleiche Codierung erwischen, lassen sich Sender und Empfänger im Werk beziehungsweise mit Geschick selbst umcodieren. So natürlich auch, wenn man glauben muß, daß der Handsender zur eigenen Anlage in unbefugte Hände geraten ist.
Ein weiterer, unter Umständen interessanter Aspekt ist die Möglichkeit, die Anlage mit weiteren Funktionen auszubauen. Zum Beispiel um ein zweites Garagentor und/oder das Einfahrtstor zum Grundstück zu betätigen, die Hofbeleuchtung ein- oder auszuschalten oder die bereits zitierte Alarmanlage nach Verlassen des Hauses scharf zu machen oder bei der Rückkehr auch wieder außer Betrieb zu setzen, damit beim Betreten des Hauses kein Fehlalarm ausgelöst wird.

Worauf sich sonst noch zu achten lohnt

Wer technische Geräte kauft, sollte auch an ihre Wartungsfreundlichkeit denken. Wenn man für eine Störung einen Fachmann rufen muß, wird dies auf jeden Fall teuer, selbst wenn es sich nur um eine Kleinigkeit handelt, denn die Anfahrt schlägt auf jeden Fall zu Buche.
Deshalb sollte man auch beim Garagentorantrieb auf Servicefreundlichkeit achten, zumal sich die meisten Zeitgenossen in elektronischen Fragen meist schwertun. Praktisch ist in diesem Fall ein als komplette Einheit austauschbarer Elektronikbaustein, der im Falle eines Falles zur Prüfung eingeschickt und dank einfacher Steckverbindung in Eigenhilfe herausgenommen und auch wieder ins Gerät eingesteckt werden kann. Hilfreich bei einer eventuellen Fehlersuche ist eine eingebaute Fehleranzeige mittels Leuchtdioden, die Strommangel oder sonstige Fehlerquellen anzeigt.
Um Ärger mit der Bundespost zu vermeiden, sollte man übrigens auch darauf achten, daß die Funkfernsteuerung von der Bundespost typgeprüft ist und eine entsprechende FTZ-Nummer trägt. Bekanntlich dürfen hierzulande nicht mit der Postbestimmung konforme elektronische Anlagen zwar straflos verkauft, aber nicht betrieben werden! Somit sind Funkfernsteuerungen ohne FTZ-Nummer ein schlechter Kauf.
Nicht erst seit dem Guiness Book of Records sind viele Zeitgenossen geneigt, der Magie der großen Zahlen zu erliegen, und so preisen manche Hersteller ihre Funkfernsteuerungen mit besonders großer

161 Auf Knopfdruck öffnet der GTO 90 die Garage mit serienmäßigem Ein-Kanal-Handsender.

Reichweite an. Eine extreme Reichweite ist allerdings eher negativ denn positiv zu bewerten, denn eine Fernbetätigung des Tores kann doch nur sinnvoll sein, wenn man im Augenblick der Signalgabe das Tor auch einsehen kann. Wird dies nicht beachtet, läuft man Gefahr, zum Beispiel bei einem Schwingtor ein angelehntes Fahrrad des Jüngsten umzuwerfen oder Personen mit dem Tor anzustoßen, was bei einem Tor mit optimalen Sicherheitseinrichtungen zwar ohne Schaden, aber immerhin mit einem gehörigen Schrecken abgeben dürfte. Somit genügen durchaus 10 bis 20 Meter Reichweite bei einer Funkfernsteuerung. Diese reichen auch bei zügiger Annäherung ans Tor vollkommen aus.

Eine Fehlerquelle bei Funkfernsteuerungen war bislang zuweilen die übliche Wurfantenne, die üblicherweise zur Erzielung optimalen Signalempfangs entsprechend ausgerichtet werden mußte. Auf sie können moderne Steuerungen verzichten, denn sie verfügen über eine fest eingebaute elektronische Antenne. Ein praktisches Plus ist übrigens ein Garagentorantrieb mit integrierter Garagenbeleuchtung, die auch nicht unbedingt selbstverständlich ist.

Praxistip: der fachgerechte Einbau eines Garagentorantriebes am Beispiel des GTO 90

Der allgemeine Trend zum Do-it-yourself spart auch den Garagentorantrieb nicht aus. Wer allerdings die Betätigung seines Garagentores automatisieren will, tut gut daran, bei der Wahl seines Antriebes den Montageaufwand kritisch unter die Lupe zu nehmen. Aufschlußreich ist in dieser Beziehung ein Blick in die zum Antrieb gehörige Montageanleitung. Umfangreiche Broschüren mit langen Erklärungen lassen oftmals eine komplizierte Montage erwarten.

Ein do-it-yourself-gerechter Antrieb sollte so einfach wie möglich zu montieren sein, daß ein durchschnittlicher Heimwerker den Einbau, gleich ob dieser zusammen mit dem Tor oder auch nachträglich erfolgt, in zwei bis drei Stunden bewältigen kann. Zu prüfen ist auch, ob für die Montage unter Umständen Spezialwerkzeuge benötigt werden.

Ein weiterer für den Selbermacher interessanter Punkt ist der Lieferzustand des Antriebes. Während manche Antriebe, zum Beispiel der hier vorgestellte GTO 90, einbaufertig geliefert werden, gibt es auch Modelle, deren Komponenten vom Käufer selbst erst zusammengebaut werden müssen, bevor der eigentliche Einbau erfolgen kann. Will man sich den unter Umständen aufwendigen Eigenzusammenbau des Laufwerkes sparen, ist für das im Werk vormontierte Aggregat bei manchen Fabrikaten ein Aufpreis fällig.

Damit ist das Thema Einbau allerdings keinesfalls erschöpft. Ein weiteres, für den Selbstmontierer nicht gerade unwichtiges Thema ist das Gewicht des Antriebsaggregates. Bei manchen Modellen muß die am Boden vormontierte gesamte Mechanik samt Antrieb in einem Stück an der Garagendecke montiert werden, was ohne Helfer kaum möglich ist. In dieser Hinsicht günstiger sind Antriebe, die in zwei Schritten montiert werden, wie etwa der GTO 90, bei dem zuerst die Schiene mit einem Gewicht von nur 8 kg montiert und der eigentliche Antrieb als komplette, etwa 11 kg schwere Einheit anschließend eingerastet und angeschraubt wird.

Selbstverständlich benötigt ein Garagentorantrieb auch Strom. Somit ist nicht nur für eine Stromzuführung zu sorgen, sondern auch der Antrieb mit dem Netz zu verbinden.

Eingriffe in die elektrische Schaltung sind, sofern es sich um Netzspannung handelt, vom Gesetzgeber dem Laien mit gutem Grund untersagt, denn Fehler in der Elektroinstallation können zu einer lebensbedrohenden Gefahrenquelle werden. So sollte man als Selbermacher vernünftigerweise Netzanschlüsse und Geräteverkabelungen, an denen im Betrieb Netzspannung anliegt, dem Fachmann überlassen. Aus diesem Grunde sind für die Eigenmontage Antriebe vorzuziehen, die stekkerfertig geliefert werden und notfalls über ein Verlängerungskabel an der garagenüblichen Steckdose mit einem ganz normalen Schuko®-Stecker angeschlossen werden können. Dort, wo zusätzliche Anschlüsse, zum Beispiel für Schlüssel- oder Drucktaster, notwendig sein sollten, ist es von Vorteil, wenn hierzu keine gefahrenträchtigen Arbeiten an der Netzspannung führenden Anschlußklemmleiste der Antriebseinheit nötig sind. Vorbildlich ist dies beispielsweise beim Hörmann-Antrieb GTO 90 gelöst, wo diese Schaltelemente über von außen zugängliche Klemmbuchsen erfolgen, wie man sie zum Beispiel von Lautsprecherboxen und Hifi-Geräten kennt. So ist eine versehentliche Berüh-

162

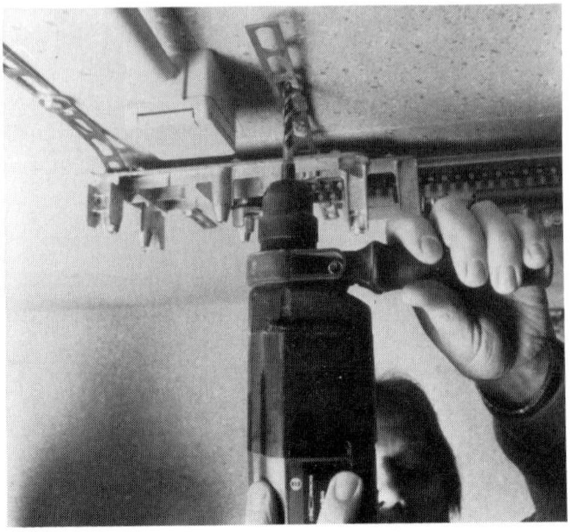

163

164

162 An der Toroberkante wird ein Winkelhebel angeschraubt, der später mit dem Tormitnehmer verbunden wird.
163 Die Führungsschiene wird ausgerichtet und dann mit Universal-Lochankern an der Garagendecke festgeschraubt.
164 Das Antriebsaggregat wird auf die Ankerplatte gesteckt und dann die Antriebskupplung ausgerichtet. Anschließend verschrauben Sie die beiden Teile.
165 Das Antriebsaggregat wird durch zwei Halbschalen verkleidet, die jeweils von der Seite aufgesteckt werden.
166 Ist der Lampenschirm angebracht, wird die elektronische Steuerungseinheit eingesteckt und angeschraubt.
167 Der Tormitnehmer, der den Winkelhebel mit dem Führungswagen verbindet, ermöglicht eine Feineinstellung.
168 Die Anschlag-Verriegelung wird mit 10 mm Abstand zu der Entsperrungsklappe eingestellt und festgeschraubt.
169 Auch für die unverzichtbare Notentriegelung gibt es eine gute Einbauanleitung als Zubehör.

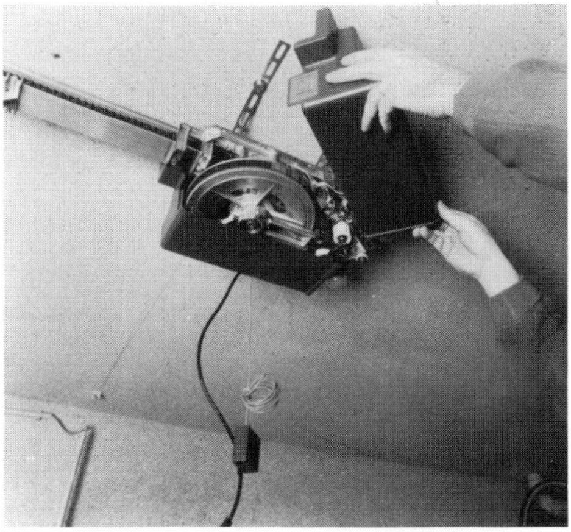

165

168

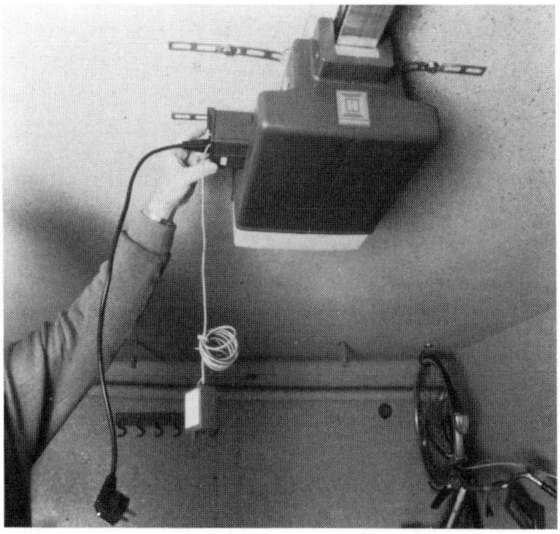

166

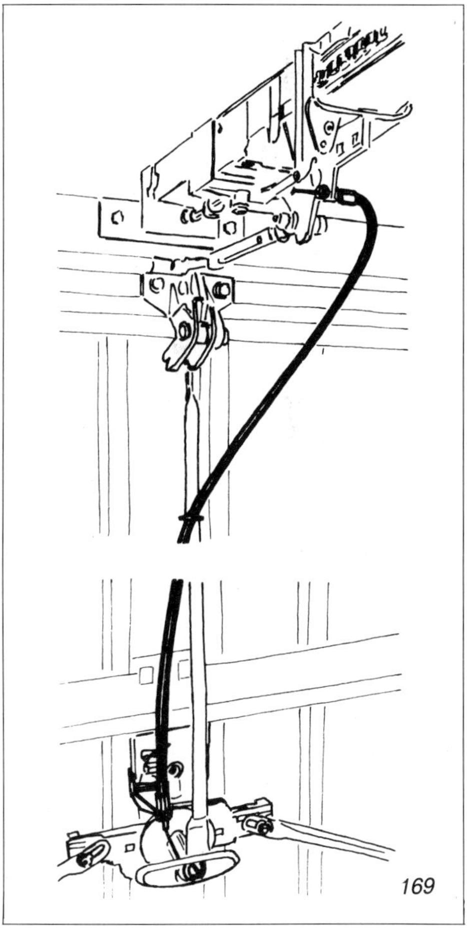

169

167

rung mit Netzspannung führenden Bauteilen ausgeschlossen, zumal außerdem alle Zubehörteile wie Druck- oder Schlüsseltaster aus Sicherheitsgründen mit einer gefahrlosen Kleinspannung unter 50 Volt, die in der Fachsprache auch als Berührungsspannung bezeichnet wird, eingespeist werden.

Die Einbaupraxis

Zum Einbau eines Garagentorantriebes vom Typ GTO 90 wird Werkzeug benötigt, das der heimische Werkzeugkasten beziehungsweise die Werkzeugausstattung des Autos normalerweise enthalten dürfte, und zwar: eine Schlagbohrmaschine oder ein Bohrhammer mit 10-mm-Steinbohrer (beziehungsweise Steinbohrer entsprechend der auf den Verankerungsgrund abgestimmten Dübelart und Größe), ein Steckschlüssel SW 10, ein Ring-Maulschlüssel SW 13, ein Kreuzkopfschraubendreher Größe 2, ein Schraubendreher für Schlitzschrauben Größe 7 und eine Wasserpumpenzange.

Die praktische Montage beginnt beim Torantrieb GTO 90 mit dem Einschieben der zur Deckenabhängung dienenden Universal-Langlochanker in die Ankerplattenaufnahme am Ende der Führungsschiene, wo sie unter Beilage von Unterlegscheiben mit vier Schrauben angeschraubt werden. Sie werden anschließend im Winkel von 45° hochgebogen.

Im nächsten Montageschritt wird die Führungsschiene an ihrem vorderen Befestigungspunkt angebracht. Dies geschieht je nach Tortyp unterschiedlich entweder am Zargenrahmen des Tores (so zum Beispiel bei den Hörmann-Tortypen N 80, N 80 PU und dem Doppelgaragentor DF 80) oder aber am Torsturz wie bei den Sectionaltoren LPU und LTF. Dabei ist beim Typ LPU von der Oberkante der obersten Torlamelle bis Mitte der Verankerungsschrauben am Sturzbeschlag ein Abstand von exakt 175 mm einzuhalten, während beim Typ LTF hier 200 mm vorzusehen sind.

Je nach Tortyp unterschiedlich ist auch die Anlenkung des Antriebs am Torblatt. Sie erfolgt beim Berry-Typ N 80 und DF 80 über ein Gelenkteil, das mittig über die Oberkante des Torblattes gestülpt und dort von oben wie auch von der Torblattrückseite anzuschrauben ist. Die Befestigung erfolgt aber wie oben beschrieben mit Schrauben, die durch die Ober- und Rückseite des Gelenkteils ins Torblatt geschraubt werden.

Einen speziellen Kupplungsbeschlag gibt es auch für die Sectionaltore LTF und LPU. Hier wird die Betätigungskraft großflächig über einen keilförmigen Hebelbeschlag auf das Torblatt übertragen. Er wird 70 mm aus der Mitte versetzt angebracht.

Im nächsten Montageschritt sind nun Gelenkteil beziehungsweise Tormitnehmer mit dem am Führungswagen anzuschraubenden Anschlußstück zu koppeln.

Nun wird die Führungsschiene mittig zu den Torlaufschienen ausgerichtet. Beim schienenlosen Berry-Tor S 80 ist die Führungsschiene senkrecht zum Torblatt zu justieren. Dies geschieht bei geöffnetem Tor am einfachsten mittels einer nicht dehnbaren Schnur oder einem langen Bandmaß, indem man die Schiene so ausrichtet, daß die Abstände Mitte Schienenende zu den Ecken der Torzarge gleich groß sind. In dieser Position wird die Führungsschiene nun auch horizontal ausgerichtet und anschließend mit den entsprechend nach außen abgewinkelten und somit an der Garagendecke anliegenden Universal-Lochankern angedübelt. Zur automatischen Ent- und Verriegelung sind nun an der für manuelle Betätigung eingerichteten Schließmechanik des Tores je nach Tortyp einige Änderungen vorzunehmen. Beim Sectionaltor wird das Verschlußgestänge mit dem dem Antrieb beiliegenden farbigen Distanzring festgesetzt. Bei den Berry-Toren N 80 und N 80 PU müssen die Torgriffgarnitur und Verschlußstange abgeschraubt werden. Dann sind die mit Langlöchern versehenen Gleitstücke aufzuschieben und mit in den Schloßriegel einzudrehenden Schrauben beweglich zu sichern. Dann werden Drehscheibe, Distanzstück und Innengriff wieder angebracht. Schließlich sind noch das Entriegelungsgestänge und die seitlichen Verschlußstangen anzuschrauben und einzustellen, so daß sich das Tor funktionsgemäß öffnen und schließen läßt.

Beim Doppelgaragentor DF 80 wird die Schloßbrücke mit der Verschlußstange und dem Entriegelungsgestänge verschraubt und ebenfalls funktionsgemäß eingestellt.

Damit ist das System für den Einbau der Antriebseinheit vorbereitet. Das Antriebsaggregat wird dabei auf die Ankerplatte aufgesteckt, wobei die seitlichen Abhängungsbleche in der ersten Raste einrasten sollen. Im nächsten Montageschritt wird die Zahnriemenscheibe so gedreht, daß sich bei den beiden Kupplungsteilen von Kettenantrieb und Zahnriemenwelle jeweils Nocken und Aussparungen so gegenüberstehen, daß beim nun folgenden Hochdrücken und Einrasten der Abhängungsbleche in der zweiten Raste beide Kupplungsklauen ineinandergreifen. Jetzt kann die Antriebseinheit mit der Führungsschiene verschraubt werden. Dies geschieht mit drei Schrauben.

Die Endtaster »Tor auf« und »Tor zu« sind nun mit den Endtasterschaltstücken einzustellen, die mit der Führungskette verschraubt werden. Zur Feineinstellung dient das Spannschloß zwischen Gelenkteil am Tor und Führungswagen.

Bei geöffnetem Tor ist nun noch der Schienenstopper zu befestigen, der den Weg des Führungswagens begrenzt. Er wird über das Führungsschienenprofil gesetzt und mit einer Schraube fixiert. Ebenfalls an der Führungsschiene ist schließlich noch die Anschlag-Verriegelung mit 10 mm Abstand zur Entsperrungsklappe einzustellen. Sie wird hierbei mit der Wasserpumpenzange festgehalten und mit dem Schraubendreher in der funktionsgemäßen Position festgedreht.

Sofern notwendig kann nun die Führungskette mit der langen Justierschraube unmittelbar vor dem Gelenkteil, mit dem die Führungsschiene an der Torzarge oder am Torsturz montiert ist, nachgespannt werden. Das macht eventuell nach erfolgtem Probelauf des Tores später eine Korrektur der Einstellung der Endtaster notwendig.

Wenn die Montage des Antriebes soweit gediehen ist, sollte man auch die Schnellentriegelung auf einwandfreie Funktion prüfen. Sie besteht aus einer seitlich am Führungswagen angebrachten Wippe, die, heruntergezogen, den Wagen von der Antriebskette abkoppelt und so ein sofortiges manuelles Öffnen des Tores ermöglicht.

Die montierte Antriebseinheit erhält nun, nachdem die beiden Glühlampen (25 Watt, Sockel E14) in die entsprechenden Fassungen eingeschraubt wurden, ihre Verkleidung, die aus zwei Kunststoffhalbschalen besteht. Sie werden nacheinander auf das Aggregat aufgeschoben und festgeschraubt. Desgleichen wird dann die opake Leuchtenabdeckung eingeklipst und ebenfalls festgeschraubt.

Zum Abschluß der Montage ist nur noch die elektronische Steuerungseinheit in die entsprechende Gehäuseaussparung einzuführen, wo sie automatisch alle Anschlußkontakte aufnimmt, und ebenfalls festzuschrauben ist. Mit dem Einstecken des Gerätesteckers in die Steckdose ist die Anlage nun betriebsbereit. Bevor der elektronische Sesam-Öffne-Dich in Zukunft wie von Geisterhand das Garagentor per Funksignal öffnet und schließt, muß allerdings noch die Abschaltautomatik den Sicherheitsvorschriften entsprechend eingestellt werden. Dies erfolgt beim GTO 90 getrennt für beide Laufrichtungen. Die Einstellung ist so vorzunehmen, daß die Kraft an der Torunterkante beim Schließen auf keinen Fall mehr als 100 Newton, das heißt 10 Kilopond beträgt. Dies läßt sich am besten mit einer Federwaage, notfalls aber auch mit einer Personenwaage kontrollieren. Die Wirksamkeit dieser wichtigen Sicherheitsfunktion sollte man regelmäßig, zum Beispiel alle sechs Monate, überprüfen. Der Hörmann-Garagentorantrieb GTO 90 verfügt übrigens über eine elektronische Fehleranzeige über drei Leuchdioden. Die rote signalisiert eine Blockierung des Tores und leuchtet nach Betätigung der Abschaltautomatik und nach etwa 30 Sekunden auf, wenn das Tor seine Endstellung infolge Blockierung nicht erreicht.

Die grüne Leuchtdiode meldet das Tor betriebsbereit. Bleibt sie dunkel, fehlt es dem Antrieb an Strom. In diesem Fall ist gegebenenfalls die Sicherung des Garagenstromkreises und der Sitz der Steckerverbindung am Aggregat wie auch in der Steckdose zu prüfen. Außerdem ist das Gerät innerhalb des Gerätesteckers selbst noch einmal mit einer 4-Ampere-Sicherung ausgerüstet, die bei fehlender Betriebsbereitschaftsanzeige ebenfalls zu prüfen ist. Vorher Gerätestecker ziehen!

Die gelbe Leuchtdiode zeigt schließlich den einwandfrei ankommenden Impuls an. Leuchtet sie nicht auf, kann die Batterie des Handsenders leer sein (dann fehlt auch das Kontrolleuchtsignal am Handsender). Weitere mögliche Fehlerursachen können ein defekter Handsender (eventuell vorhandenen Zweitsender zur Kontrolle benutzen) oder ein Defekt in der Empfangselektronik sein. Letzterer wird durch Einsenden des Steuerungsbausteins ans Herstellerwerk behoben. Am Antrieb befindet sich eine Prüftaste, womit alle übrigen Befehlsgeber getestet werden können. Wenn das Tor auf den entsprechenden Funkbefehl nicht auf oder nicht zulaufen sollte, ist der Fehler in klemmenden Endtastern zu suchen. Nach entsprechender Einstellung wird das Tor dann einwandfrei funktionieren. Sollte das Tor während des Öffnungs- oder Schließvorganges stehenbleiben und die rote Leuchtdiode aufleuchten, ist die Abschaltautomatik zu justieren.

Falls dies den Fehler nicht beseitigt, ist die Ursache möglicherweise bei einem nicht korrekt montierten Tor zu suchen, daß in der angezeigten Position klemmt. Dieser Fehler ist durch eine entsprechende Nachjustierung der Führungsschienen des Tores oder des Rahmeneinbaus (eventueller Verzug?) zu beseitigen.

Der Wartungsaufwand ist beim GTO 90 denkbar gering. Er beschränkt sich auf gelegentliches Ölen aller beweglichen Teile und ein Nachspannen der Kette.

Wie die Einbauanleitung gezeigt hat, variiert die Montage je nach Tortyp, weshalb bei Bestellung des Antriebes das jeweilige Torfabrikat nebst Typ zu nennen ist, damit man den entsprechenden Beschlagsatz erhält. Außer mit allen Hörmann-Garagentoren ist der GTO 90-Antrieb auch mit allen gängigen Schwing- und Sectionaltoren anderer Fabrikate kombinierbar.

Zum guten Schluß: Die Grundstückseinfahrt – Schiebe- oder Drehtor mit Antrieb und Fernsteuerung

Wenn auch im Zeichen teuer gewordener Grundstücke die meisten Einfamilienhäuser mit der Gebäudeflucht und angrenzender Garage das Grundstück voll zur Straße hin abgrenzen, so gibt es doch auch noch großzügiger geschnittene Grundstücke, bei denen die Gebäude nicht zugleich Grundstücksabgrenzung zur Straße sind, und auch Gebäudelagen mit mehr oder weniger großzügigem Vorgarten, so daß hier auch eine Abgrenzung des Grundstückes nach vorn gefragt ist. Dies geschieht in aller Regel durch eine Mauer oder einen Zaun und macht selbstverständlich auch ein Einfahrtstor notwendig, das meist durch eine passend gestal-

170 Ferngesteuert oder über Schlüsseltaster kann dieses Hörmann-Einfahrts-Drehtor im harmoniefreudigen braunen Eloxal-Finish und mit einer Verkleidung aus wetterbeständigen Werzalit-Profilen betätigt werden.

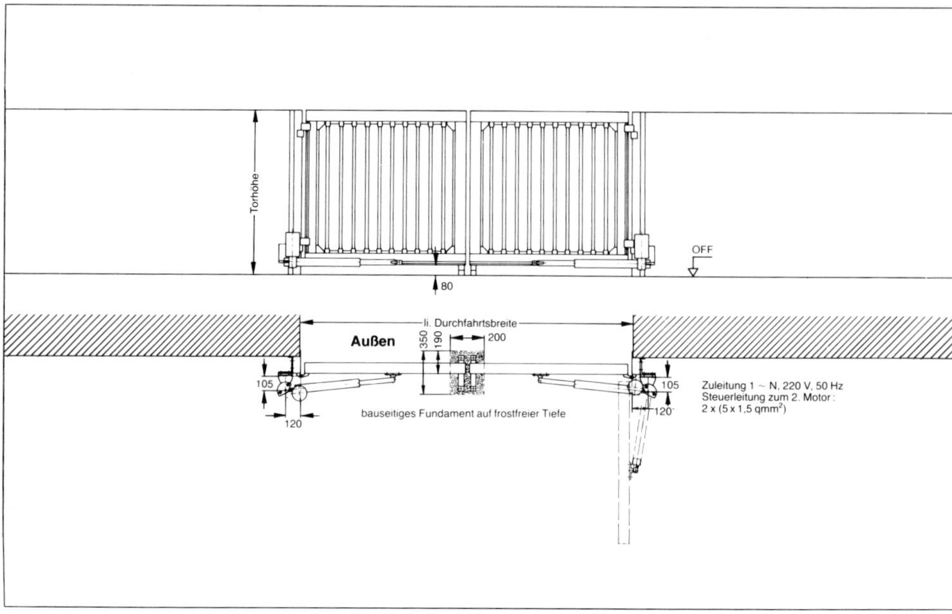

171 Einbaubedingungen für ein Hörmann-Drehtor mit Antrieb.

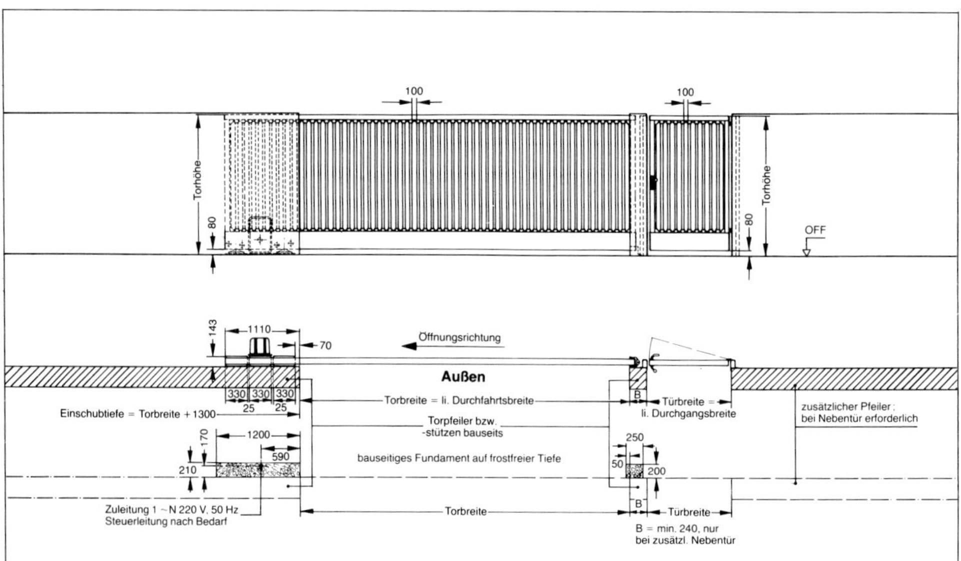

172 Einbaubedingungen für ein Hörmann-Schiebetor mit Antrieb.

173 Wo kein Platz für den Schwenkbereich eines Drehtores ist, die Front aber ausreichende Länge bietet, um das Tor seitlich zu bewegen, ist das Aluminium-Schiebetor eine gute Lösung. Hier mit Alu-Stäben als Füllung.

tete Nebentür für den Personenverkehr ergänzt wird.
Das Einfahrtstor kann ein- oder auch zweiflügelig als Drehtor oder auch als Schiebetor ausgelegt sein.
Das Drehtor bedingt einen Schwenkradius und verlangt somit eine gewisse Tiefe des Grundstückes vor der Bebauungsgrenze. Dabei ist aus optischen Gründen zusätzlich zum Schwenkbereich ein weiterer Freiraum notwendig, um der Anlage ihre großzügige Wirkung zu erhalten.
Im Hinblick auf Witterungsbeständigkeit und möglichst geringen Wartungsaufwand sind Dreh- wie auch Schiebetore aus Aluminium besonders vorteilhaft, da

174 Und nocheinmal ein Schiebetor – diesmal mit einer dekorativen Füllung aus weißen Werzalit-Profilen.

sie Stabilität mit Korrosionsbeständigkeit verbinden und auch im Hinblick auf das zu bewegende wie auch von den Aufhängungen zu tragende Gewicht günstige Bedingungen bieten.

Von Hörmann gibt es beispielsweise Einfahrts-Drehtore in ein- wie auch zweiflügeliger Bauweise zum Einbau sowohl zwischen als auch hinter der Öffnung. Sie werden mit einer Mindestflügelbreite von 1200 mm komplett mit Alupfosten geliefert. Die Pfosten werden dabei mit entsprechenden Ankern flächenbündig auf einem Betonsockel verschraubt. Die Drehtore gibt es von 800 bis zu 2000 mm Höhe und von 1200 bis 3500 mm Breite mit elektrischem Antrieb sowie bis zu 4000 mm Flügelbreite mit manueller Betätigung. Als zweiflügeliges Drehtor erlaubt das System eine maximale Gesamttorbreite von 7000 mm.

Ergänzt wird das Programm durch ansichtsgleiche, einflügelige Nebentüren von 800 bis 1200 mm Breite und 800 bis 2000 mm Höhe sowie ebenfalls ansichtsgleiche Zaunteile in Breiten von 800 bis 6000 mm und 800 bis 2000 mm hoch, womit sich ein vollkommen homogener Grundstücksabschluß erreichen läßt.

Dort, wo der Schwenkradius fehlt oder die Anlage der Verkehrswege (zum Beispiel schräg zur Torlinie) ein Einfahrts-Drehtor trotz 90 bis 120° Öffnungswinkel nicht zuläßt, ist das Schiebetor eine willkommene Alternative, die allerdings eine ausreichende seitliche Einschubtiefe voraussetzt. Solche Türen gibt es zum Beispiel bei Hörmann in Höhen von 800 bis 1800 mm und in einer Breite bis zu 4700 mm. Auch hier runden einflügelige Nebentüren 800 bis 1800 mm hoch und 800 bis 1200 mm breit sowie feststehende Zaunteile entsprechender Höhe in ansichtsgleicher Ausführung das Einfahrtsbild ab.
Sowohl Drehtor als auch Schiebetor stehen in gebeiztem Naturton wie auch im Bronzeton mit gebeizter Oberfläche zur Wahl und bedürfen keinerlei bauseitiger Oberflächenbehandlung. Die Füllung der Torrahmen kann mit Aluminiumstäben in gleichem Finish wie auch mit wartungsfreien Werzalit-Profilen in Weiß oder Mooreichendekor erfolgen. Es ist auch möglich, die Tor-, Nebentür- und Zaunelemente als reine Rahmenkonstruktion zur individuellen bauseitigen Füllung zu beziehen, wobei allerdings bei der Füllung bestimmte Höchstgewichte zu beachten sind. Sie betragen beim Drehtor maximal 40 kg pro Flügel, beim Schiebetor maximal 65 kg, bei der Nebentür höchstens 20 kg und beim Zaunteil nicht mehr als 95 kg pro Feld.

Worauf Sie beim Einbau achten sollten

Die Montage von Einfahrtstor, Nebentür und Zaunelement erfordert solide, standfeste Fundamente mit frostfester Gründung. Wie tief diese Fundamente gegründet sein müssen, richtet sich nach der geographischen Lage. Am besten erfragt man Tiefe und Aufbau der Fundamente bei einem örtlichen Baugeschäft, falls man es nicht überhaupt vorzieht, die Fundamente erstellen zu lassen. Bei Toren mit elektrischem Antrieb ist für die Heranführung des Stromanschlusses zu sorgen. Für Drehtore wird zur Stromversorgung des 220-Volt-Wechselstrommotors eine dreiadrige Zuleitung mit 3 × 1,5 mm^2 Querschnitt gefordert. Für die eventuell notwendige Steuerleitung, zum Beispiel zum Schlüsseltaster, ist eine dreiadrige Leitung von ebenfalls 1,5 mm^2 je Ader notwendig. Die Leitungen sollten so verlegt werden, daß sie bei Gartenarbeiten keinen Schaden nehmen können. Im Gegensatz zum Drehtor wird das Einfahrts-Schiebetor wegen des größeren Kraftbedarfes mit einem 380-Volt-Drehstrommotor bewegt. Zu seiner Versorgung ist ein fünfadriges Kabel mit 1,5 mm^2 Querschnitt notwendig. Die Steuerleitung ist dreiadrig mit gleichem Querschnitt auszuführen. Für Erweiterungen empfehlen sich in jedem Fall Leerrohre.

Das Einfahrtstor kann sowohl als Drehwie auch als Schiebetor elektrisch über Schlüssel- oder Drucktaster und über Funkfernsteuerung betätigt werden. Im letzteren Fall erweist es sich als vorteilhaft, daß der Handsender zum GTO 90 Garagentorantrieb über zusätzliche Kanäle die Steuerung weiterer Bedienungselemente wie in diesem Fall des Einfahrtstores ermöglicht.

Gleich ob nun das Tor über fest installierte Schalter oder per Funkfernsteuerung betätigt wird, ist es wichtig, daß der gesamte Antrieb keine Gefahr für Personen und Sachen darstellt, die während des Öffnungs- oder Schließvorganges in Berührung mit dem bewegten Tor geraten. Hierfür sorgt zum Beispiel bei Hörmann-Einfahrtstoren mit Elektroantrieb die eingebaute Unfallschutzeinrichtung entsprechend den »Richtlinien für kraftbetätigte Fenster, Türen und Tore«, die für Anlagen im gewerblichen Bereich verbindlich sind, deren Einhaltung aber auch bei privaten Toranlagen mit Antrieb wie schon auf Seite 152 erläutert, ein Gebot der Vernunft ist.

Stichwortregister

Bildnachweis

Titelbild: Hörmann KG Verkaufsgesellschaft, 4803 Steinhagen
Braas & Co. GmbH, 6000 Frankfurt/M. 97, Abb. 123 bis 127, 130 bis 134a
Deutsche Amphibolin-Werke, 6105 Ober-Ramstadt, Abb. 150
Heinz-J. Schiffer, 6000 Frankfurt/M., Abb. 2, 19, 23, 89, 114, 115, 128, 129
Zeitschrift »Selbst ist der Mann«, 5000 Köln, Abb. 164 bis 169

Alle übrigen Bilder und Zeichnungen Hörmann KG Verkaufsgesellschaft, 4803 Steinhagen